維根食尚
愛上蔬食新纖活
Let's Start Vegan Life

──Stay Fit with Mi全植物飲食計畫×New Me勻體運動指導

Michelle／著

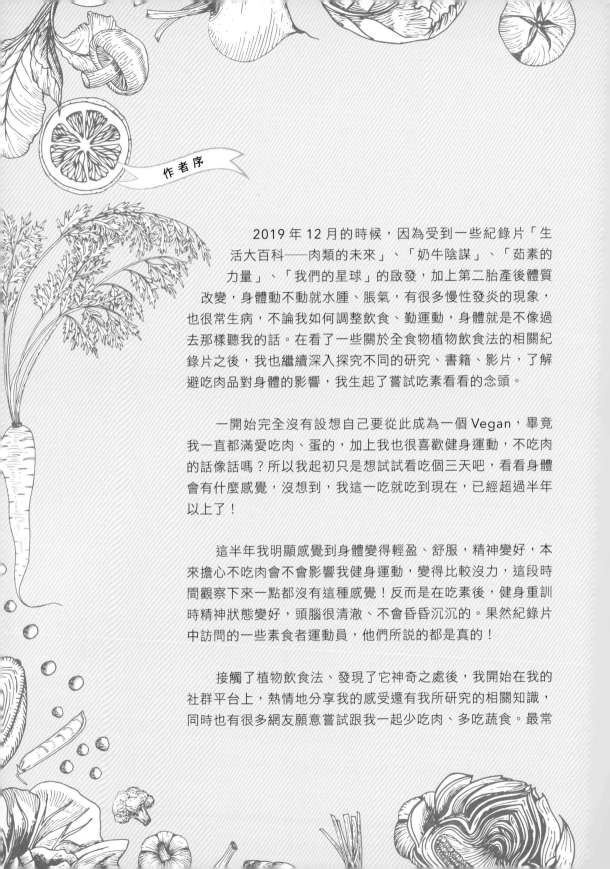

2019 年 12 月的時候，因為受到一些紀錄片「生活大百科——肉類的未來」、「奶牛陰謀」、「茹素的力量」、「我們的星球」的啟發，加上第二胎產後體質改變，身體動不動就水腫、脹氣，有很多慢性發炎的現象，也很常生病，不論我如何調整飲食、勤運動，身體就是不像過去那樣聽我的話。在看了一些關於全食物植物飲食法的相關紀錄片之後，我也繼續深入探究不同的研究、書籍、影片，了解避吃肉品對身體的影響，我生起了嘗試吃素看看的念頭。

一開始完全沒有設想自己要從此成為一個 Vegan，畢竟我一直都滿愛吃肉、蛋的，加上我也很喜歡健身運動，不吃肉的話像話嗎？所以我起初只是想試試看吃個三天吧，看看身體會有什麼感覺，沒想到，我這一吃就吃到現在，已經超過半年以上了！

這半年我明顯感覺到身體變得輕盈、舒服，精神變好，本來擔心不吃肉會不會影響我健身運動，變得比較沒力，這段時間觀察下來一點都沒有這種感覺！反而是在吃素後，健身重訓時精神狀態變好，頭腦很清澈、不會昏昏沉沉的。果然紀錄片中訪問的一些素食者運動員，他們所說的都是真的！

接觸了植物飲食法、發現了它神奇之處後，我開始在我的社群平台上，熱情地分享我的感受還有我所研究的相關知識，同時也有很多網友願意嘗試跟我一起少吃肉、多吃蔬食。最常

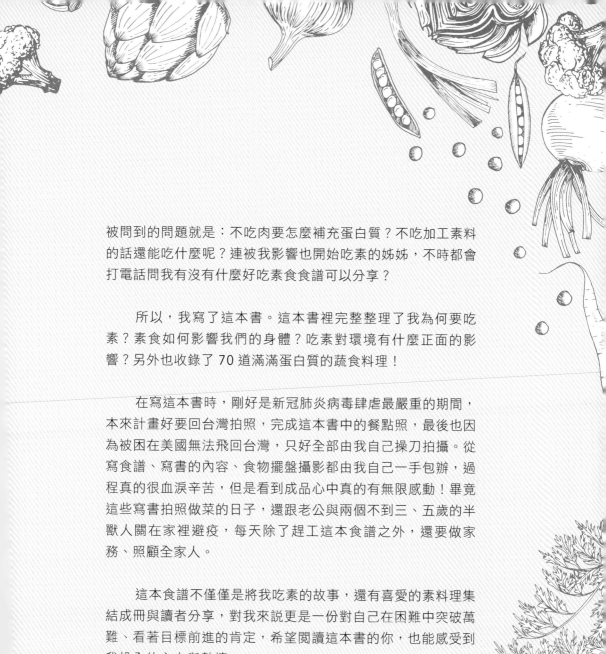

被問到的問題就是：不吃肉要怎麼補充蛋白質？不吃加工素料的話還能吃什麼呢？連被我影響也開始吃素的姊姊，不時都會打電話問我有沒有什麼好吃素食食譜可以分享？

所以，我寫了這本書。這本書裡完整整理了我為何要吃素？素食如何影響我們的身體？吃素對環境有什麼正面的影響？另外也收錄了 70 道滿滿蛋白質的蔬食料理！

在寫這本書時，剛好是新冠肺炎病毒肆虐最嚴重的期間，本來計畫好要回台灣拍照，完成這本書中的餐點照，最後也因為被困在美國無法飛回台灣，只好全部由我自己操刀拍攝。從寫食譜、寫書的內容、食物擺盤攝影都由我自己一手包辦，過程真的很血淚辛苦，但是看到成品心中真的有無限感動！畢竟這些寫書拍照做菜的日子，還跟老公與兩個不到三、五歲的半獸人關在家裡避疫，每天除了趕工這本食譜之外，還要做家務、照顧全家人。

這本食譜不僅僅是將我吃素的故事，還有喜愛的素料理集結成冊與讀者分享，對我來說更是一份對自己在困難中突破萬難、看著目標前進的肯定，希望閱讀這本書的你，也能感受到我投入的心血與熱情。

Michelle

Content

05
CHAPTER
全植物維根飲食食譜

CHAPTER
01

什麼是植物性飲食法

植物性飲食法的定義

最近很受歡迎植物性飲食法（Plant Based Diet）的定義是什麼呢？其實非常簡單，就是以植物為主，或是以植物為基礎的飲食法，包含水果、蔬菜、堅果、種子、豆類、全穀、植物性脂肪等。採用植物性飲食法，並非就代表你是素食主義者，並且再也不能碰奶、蛋或肉了，只是比例上攝取更多的植物。

在歐美，植物性飲食（Plant Based Diet）又區分為幾種不同的飲食主義：

全素食主義者	不吃任何植物以外的食物、不使用危害動物權益有關的產品。
半素食主義者	會吃蛋、乳製品，飲食中偶爾包含肉類、禽類、海鮮類，類似於台灣常見的鍋邊素。
魚素主義者	飲食中包含蛋、乳製品、海鮮與魚類，但不包括肉類或家禽類。
奶蛋素食主義者	飲食中包含蛋及乳製品，但不包括肉、家禽、魚或海鮮。
全食物植物性飲食	不吃加工的產品，僅吃看得見原型的植物飲食。

注 在台灣，全素又包含五辛素或是全素（不包含五辛），此區分與宗教信仰有關。

這裡我想要特別強調，有大量的科學研究證據表明，透過全食物（Whole Food）植物性飲食，能有效的控制甚至逆轉許多慢性病，例如糖尿病、心臟病及某些癌症或其他疾病的風險，更有許多研究顯示，在全食物植物飲食法（在此簡稱全植物飲食法）的執行下，發現體力更好、身體慢性炎症減少、對健身運動都有提升的成果。

全食物（Whole Food）指的是未經大量加工的天然食品，也可以稱為「原型食物」。植物性食品（Plant-based Food）指的是來自植物的食品，不包含肉、奶、蛋、蜂蜜等動物性成分的食物。以植物為基礎的全食物飲食，著重於天然、少加工的植物性食品，若吃素的時候，都能盡量把握全植物飲食的原則，那麼就能確保身體獲得較乾淨、均衡的營養攝取。

素食主義 VS 植物性飲食

「素食主義」（Vegan，音譯「維根」）一詞，是在西元 1944 年由一位英國的動物權利倡導者唐納德·華森（Donald Watson）所創建的，他同時也是「素食主義者協會」的創始人。維根這個詞代表著「出於倫理原因，而避免使用動物食品的人」。

素食主義不使用任何動物性食品，例如雞蛋、魚、家禽，奶酪和其他乳製品。相反，純素飲食包括植物食品，例如水果、蔬菜、穀物、堅果、種子和豆類。隨著時間流逝，素食主義逐漸發展成為一種運動，人們越來越意識到現代畜牧業、養殖業對地球產生的負面影響，以及富含加工肉類的飲食，對人體的健康存在著負面的影響，所以現在的維根全素主義者，除了只吃植物性食品之外，更有另一層基於道德、動物福利及環境關注的含意。

西元 1980 年，一位叫作 T·柯林·坎貝爾（T.Colin Campbell）的博士，將「植物性飲食」（Plant Based Diet）一詞引進了營養科學領域，並將其定義為「低脂、高纖、以蔬果為基礎的飲食」。這個飲食法的重點在於健康而非道德，也就是說，植物性飲食的出發點，比較偏向基於營養科學的基礎，強調對於人體健康有益的純植物飲食法。

其實不論你選擇的是 「Vegan 素食主義」，還是「Plant Based Diet 植物性飲食」，都毋須過度的給自己貼上標籤，許多人並不會將自己嚴格定義為哪一種素食者，只要認知到植物性飲食對身體的益處、對環境與動物的保護，願意減少對動物的食用量，就是一個非常好的出發點囉！

如果你開始對植物性飲食產生了興趣，但卻不知道從哪裡開始、怎麼吃，那麼這本書正好是你最好的工具！ 我除了會將我對植物性飲食的了解、蒐集到的研究資訊、對人體的影響、對環境的影響都整理在此書中，也會提供許多你意想不到的美味全植物食譜！

以下也分享一些想要循序漸進開始執行植物性飲食法的人一些小指引：

1 攝取多量且多元的蔬菜。不同的蔬菜含有不同的微量營養素，攝取多種顏色與種類的蔬菜，可以幫助自己在執行植物性飲食時營養均衡。

2 改變自己對「肉」的想法。拋開「一定要吃肉才有力氣、才有營養」的想法（詳細原因會在後面章節提到），慢慢減少吃肉需求，可以把肉從「主餐」的想法轉為把肉當作「裝飾或配料」。

3 選擇優質脂肪。許多人會以為，少攝取了肉類，是否脂肪營養素會攝取不足、影響均衡呢？其實只要轉攝取植物性脂肪就可以了，而且植物性脂肪不含膽固醇，是對人體健康較有益的健康脂肪，例如橄欖油、橄欖、堅果、酪梨等。

4 如果不想要一下子就改變為植物性飲食法，是可以循序漸進的。每週至少一～二餐執行一次植物性飲食，以豆類、全穀類、蔬菜為主。

5 以水果及天然植物性食材取代甜食及點心。多元攝取不同的水果也能保證微量營養素的均衡和攝取充足。例如，想吃草莓起司蛋糕時，可以改吃草莓加上一杯豆漿或是杏仁奶；想吃巧克力餅乾時，可以改吃燕麥加上天然可可粉或可可豆來取代。

植物性飲食其實不用過度擔心蛋白質攝取不足的問題（在後面章節會提到），不過從一個以肉食為主的飲食習慣，改變為植物性飲食後，必須多留意微量營養素的均衡攝取，有一些維生素存在於肉類比較多，所以在不吃肉之後，可以多留意補充可能缺乏的維生素，多攝取該維生素含量高的植物性食品，或是可以額外攝取營養補充品，以確保身體獲得最完整的營養。

CHAPTER
02
蔬食的力量

擁有對身體五大益處

現在已經有大量科學研究證實,植物性飲食對身體有諸多好處,詳述如下:

一、降低血壓

我們都知道,高血壓會引發很多健康問題,例如心臟病、中風還有糖尿病,而已有許多研究證明,這些疾病是可以透過飲食的改變來降低風險的。一篇 2014 年 4 月在《美國醫學會期刊》發表的研究結論指出,遵循植物性飲食的人,比執行雜食的人(包括植物和肉類)平均血壓更低。另有一篇 2016 年 11 月在《高血壓期刊》發表的研究發現,素食者罹患高血壓的風險比非素食者低 34%。

二、讓心臟更健康

因為肉類中含有飽和脂肪,攝取過多有引發心臟病風險,所以透過減少肉食、增加植物性食物的飲食法,可以有效降低罹患心血管疾病的風險。2019 年 8 月發表在《美國心臟協會期刊》的一項研究發現,以植物為基礎的飲食,可以降低 16% 罹患心血管疾病的風險,並可將此疾病的死亡率降低約 31%。

但要特別注意的是,並非只要吃以植物為基礎的食物就一定健康,還必須確保食用的植物性食品也是健康的。根據一項在《美國心臟病學會期刊》2017 年 7 月發表的研究中發現,植物性飲食要增加全穀類、豆類、水果、蔬菜、健康脂肪的攝取,而不是食用一些加工的精緻澱粉、過度加工調味的植物肉、素料等,若長期食用不健康的植物性食品,也會增加心臟病的風險。

三、預防第二型糖尿病

糖尿病與飲食的關係密不可分,攝取過量的精緻澱粉、糖、飽和脂肪、反式脂肪,都會增加罹患糖尿病的風險,而多元不飽和脂肪與單元不飽和脂肪則有助於降低風險。2016 年 6 月發表的一篇研究發現,採用植物性飲食可使罹患第二型糖尿病的風險降低 34%,美國糖尿病協會指出,很可能是因為植物中含有的飽和脂肪較動物性食品低,飽和脂肪會增加壞膽固醇、提高罹患糖尿病的風險。

另一發表在美國糖尿病協會的「糖尿病護理」的研究文章指出，非素食者中罹患第二型糖尿病的機率為 7.6%，而素食者罹患的機率僅為 2.9%。

四、幫助減輕體重

基於前述的研究理論，當我們從肉類飲食轉為植物性飲食時，肥胖的風險會降低，所以執行植物性飲食時，更能幫助體重的控制。不過我認為，執行植物性飲食的出發點不應該是為了減重，而是為了更健康的身體，體重減輕只是附加的益處之一。根據美國國家心肺血液研究所的數據顯示，非肉食者和肉食者之間存在顯著的身體質量指數（BMI）差異，素食者的平均 BMI 為 23.6，非素食者的平均 BMI 為 28.8。

另一篇 2017 年 3 月在《營養與糖尿病》期刊發表的小型研究，針對 65 位超重成年人做了為期一年的全食物植物性飲食法，研究結果顯示這 65 位成年人平均減輕了 4.2 公斤。研究說明其原因應該是全穀類及蔬菜的 GI 值（升醣指數）相對較低，也代表著身體吸收消化的速度比較慢，且蔬果中含有抗氧化成分與纖維素，可以延長飽足感。

不過要再次強調，並不是「吃素」就代表健康，如果過度攝取加工食品、營養不均衡的飲食，就算不吃肉也不會變得比較健康、不易發胖。

五、降低罹患癌症的風險

2011 年發表在癌症管理與研究的研究指出，攝取抗癌營養素──包含維生素、纖維素、礦物質等最好的方式，就是多吃蔬菜、水果、穀物、豆類、堅果及種子，該研究指出，植物性飲食將某些癌症的風險降低了約 10%。

幫助維持心理健康

植物性飲食不只對身體有益處，對心理健康也很有幫助：

一、 對腦部的健康有益

存在於肉類、乳製品、油炸食品中的飽和脂肪、反式脂肪，會增加罹患阿茲海默症（俗稱老人癡呆）的風險，而植物性飲食卻恰恰相反，不僅不含膽固醇，也富含抗氧化劑、葉酸及維生素 E，都是可以保護腦部的營養素。

二、 植物性營養幫助情緒與神經的平穩

食物除了供給身體熱量之外，同時也是大腦的燃料，當我們豐富的攝取多元植物時，其中的維生素、礦物質可以保護大腦免於氧化及自由基的侵害，可平穩我們的情緒，減輕壓力並促進幸福感（飲食法並不能治癒精神疾病或憂鬱症，若您患有相關疾病，請務必諮詢您的心理醫師）。

此外，精神健康也和腸胃道健康的關係密不可分，因為 95% 的血清素是在腸胃道中生成的，所以消化系統不僅僅是分解食物而已，它也會進而影響情緒。血清素是一種神經遞質，在我們身體裡發揮著許多不同的作用，包括穩定情緒、幫助睡眠、幫助身體消化食物以及影響運動技能，如果體內的血清素水平較低，則會更容易出現抑鬱、焦慮或入睡困難。

蛋白質是由許多胺基酸組成，其中人體無法自行合成的胺基酸種類，稱為「必需胺基酸」，而「色胺酸」正是必需胺基酸的一種，需要透過飲食來獲得。色胺酸可以觸發血清素的合成，雖然有些動物性食品也含有色胺酸，但有研究指出，動物性食品並不是色胺酸的最佳來源，因為動物性食品中的色胺酸與其他含有的胺基酸比相對較低，而當我們攝取食物時，食物中各式的胺基酸會爭先恐後地進入大腦，而動物性食品中含量較低的色胺酸，就無法被大腦優先吸收，甚至沒有吸收到，進而降低了大腦的血清素水平。如果攝取的是植物性食物，就算是蛋白質含量高的植物性食物，通常也都含有碳水化合物，當攝入碳水化合物時，身體的胰島素會被釋放，這使得植物性蛋白質中的胺基酸可以快速被身體吸收作

為燃料,而色胺酸也會第一個進入大腦被吸收,進而合成血清素維持大腦的健康。

　　從上面的研究說明可以得知,血清素對大腦與心理的健康是非常重要的角色,醫學建議一日色胺酸的攝取量為 0.29 克,我們可以透過多多攝取含有色胺酸的植物,來達到保養大腦與心理健康的目的。以下為富含色胺酸的植物:

每 100 公克植物所含色胺酸

南瓜籽	590 毫克
腰果	340 毫克
白芝麻	460 毫克
黃豆及其製品,包含豆腐、豆漿、豆皮等	500 毫克
黑豆	380 毫克
小麥	320 毫克

　　對比 100 公克的雞肉含有 240 毫克、雞蛋含有 170 毫克的色胺酸,所以其實並不一定要攝取肉類對人體才是最營養的喔!

對環境的影響:植物小於動物

　　隨著城市的發展和世界各地收入的增加,人們開始離開鄉下自給自足的生活及傳統飲食,轉變為吃過多的精緻澱粉、糖、合成脂肪、肉類等食物。有許多研究都顯示,這種飲食的轉變,正在危害全球人類與地球的健康,已有科學家預測,若不減緩這個趨勢,那麼到了西元 2050 年,地球溫室氣體的排放量將會增加 80%。

研究人員發現，隨著人們的收入提高，從西元 1961 年至 2009 年之間，人們開始消耗更多的肉類及卡路里，而這些卡路里大多是「空卡路里」，也就是沒什麼營養價值的糖、劣質脂肪及酒精。研究人員將這個趨勢與未來幾十年人口增長的預測結合在一起，預測了在 2050 年，人類飲食中的水果與蔬菜含量將會變得更少，空卡路里的攝取會增加 60%，肉類食品的攝取會增加 25-50%，這些變化也將會增加人類罹患第二型糖尿病、冠心病和某些癌症的患病率。

　　研究人員並且分析了食品生產生命週期，計算出如果當前趨勢不變，那麼到了西元 2050 年，人類飲食習慣將會使地球溫室氣體排放量增加 80%。動物性食品和植物性食品的溫室氣體排放量差異很大，牛肉和羊肉每公克蛋白質的排放量，大約為豆類的 250 倍；而 20 份蔬菜的溫室氣體排放量低於 1 份牛肉，所以從動物性蛋白質的攝取，轉為攝取植物性蛋白質，不僅對健康有益，更能有效率的減少溫室氣體排放量。

　　畜牧業除了消耗了大量能源、對地球資源耗損造成負擔之外，畜牧業動物所產生的排泄物中，有毒的氣體、灰塵、細菌、腐爛的糞便，不僅攜帶細菌與病毒，也會汙染水源，而其釋放的甲烷和其他溫室氣體到大氣中，正是造成全球氣候暖化的最大元兇。以下再詳細說明畜牧缺點：

◆ 浪費土地資源

　　40 公畝的牧場，平均可以生產約 5 公斤的牛肉，而同樣大小的土地，卻可以生產約 9072 公斤的馬鈴薯。目前美國所有農業用地中，有 87％用於飼養動物作為人類的食物。

◆ 浪費水資源

　　畜牧業對水的消耗量非常大，根據美國地質調查局（US Geological Survey）的數據，光是生產 0.45 公斤牛肉，就需要將近 7570 公升的水！因為清潔農場、牧場設施、飼料、保持奶牛的水分與產乳量需要大量的水。

◆ 浪費能源

　　生產 1 公斤的肉，排放 36.4 公斤的二氧化碳。根據計算，生產 1 卡熱量的

黃豆蛋白質，只需要 2 卡的石化能源，生產玉米或小麥則需要 3 卡；然而生產 1 卡熱量的牛肉蛋白質，卻需消耗 54 卡的石油能源，而生產出一份牛肉漢堡，所消耗的石化能源，是生產一份植物肉漢堡的 11 倍！

◆ 全球糧食分配不均

目前全美約有 70-90% 的穀物用於飼養和飼養用於屠宰的農場動物，而根據聯合國統計，平均每 5 秒鐘，就有一個孩童死於飢餓。光是世界上人類飼養的牛，就消耗了相當於 87 億人口熱量需求的食物，比地球上的總人口還要多。如果台灣人（2300 萬人口）將肉類消費量減少 10%，那麼每年可以釋放 84 萬噸穀物供人類消費；如果美國人（3.2 億人口）將肉類消費量減少 10%，則每年將釋放 1200 萬噸穀物供人類消費，光是我們飲食習慣的小小改變，就足以養活地球上每年挨餓的 6000 萬人口。

◆ 地球天然資源的破壞

中美洲有將近 40% 的雨林遭到破壞，目的只是為了建造供不應求的畜牧場。雨林是地球的肺，是整個星球的主要氧氣來源，而 5 平方公尺的雨林被夷為平地，只為了生產一個漢堡所需的肉量（約 500 公克）。

在理解了植物性飲食對身體的益處，以及了解到只是「不吃肉」這個小小的舉動，可以對地球有這麼大的改變與貢獻，就是我想要一直持續執行植物性飲食的原因。認真想一想，自己每天洗澡努力省水、多走路或搭乘大眾運輸交通工具減少碳排放、隨手關燈以節省電能源等，都遠遠不及少吃肉帶來的效益！

接下來我們看看聯合國糧農組織 2006 年底的報告，有更直觀的類比：

- 每生產 1 公斤肉類，就會排放出 36.4 公斤的二氧化碳，相當於開車出門 3 小時。
- 飼養和運輸 1 公斤肉所需的能源，可以讓一個 100 瓦的白熾燈泡連續亮 3 個星期。
- 動物排泄物產生的甲烷比交通工具多 23 倍；產生的氧化亞氮比交通工具多 296 倍。

- 全球造成酸雨氨的排放幾乎 2/3 是來自牲畜。
- 氧化亞氮的排放量牲畜比汽車多 18%。
- 氧化亞氮排放的 65% 來自牲畜，它的暖化能力是二氧化碳的 296 倍。
- 甲烷排放的 37% 來自牲畜。甲烷的溫室效應是二氧化碳的 23 倍。
- 吃一塊牛排對地球變暖的影響，相當於一輛小車行駛約 3.2 公里的熱量！
- 家畜所造成的溫室效應氣體，包括運送、餵食、生產過程中所形成的溫室氣體，約占整體溫室效應氣體的 80%。
- 人類在 2005 年吃掉的動物數量總計 4242 億隻，平均每天吃掉 12 億隻左右，如此龐大的數量會造成多少的溫室效應！吃素一天 = 多種 100 棵樹。

在知道了這些真相之後，我們在將食物放入口中之前，都可以多一個選擇的權利，並不是強迫自己非得要改變飲食，完全不吃肉救地球，而是不逃避真相，在為自己做選擇的同時，也能夠清楚了解自己的選擇背後的因果關係。

實行植物性飲食法前需注意事項

如果你開始躍躍欲試，欲加入植物性飲食的行列，那麼在開始之前，以下這些資訊可以幫助你做足準備：

一、可以循序漸進的開始

不論你決定成為素食者的原因是為了環境、為了身體、為了宗教等都沒有關係，開始的重點就是「不要給自己壓力」。可以從小小的改變開始，例如吃飯時，少吃一點肉類，多吃一點豆類與蔬菜，或是一天裡面選擇一餐吃素，或是一週裡選擇一天吃素都可以。就算只是小小的改變，也能對你的身體、對環境有所改變，長久下來會是很可觀的習慣改變喔！

二、了解吃素不等於減肥

如果你吃素的目的是減肥，那麼恐怕不能如你所願。雖然有研究顯示，素食者控制體重相對比較簡單，但若是沒有控制好三大營養素，總是吃加工、不營

養的高熱量速食產品（洋芋片、薯條、油條、糖果也是素的呀！），那麼就算成為素食者，也無法讓你減輕體重或體脂的。想要健康的減重，控制飲食、運動習慣、調適壓力、充足睡眠、作息正常才是不二法門。

三、想靠吃素減肥是有可能的嗎？

也是有可能的！ 只要記住這個原則 ——吃原型食物、執行全食物植物性飲食（Whole Food Plant Based Diet），只吃新鮮的蔬菜、水果、全穀、健康脂肪、豆類等，均衡攝取碳水化合物、植物性脂肪及植物性蛋白質，控制好一整天攝取的熱量，保持運動習慣，會發現執行全食物植物性飲食瘦身真的很快就能看出效果喔！

四、注意蛋白質的攝取

蛋白質是對人身體非常重要的營養素，醫學建議，成年人每公斤體重每天至少要攝取 0.8 公克的蛋白質。假設你的體重為 55 公斤，那個會需要攝取 44 公克的蛋白質，大約是 7.3 顆蛋，或是 140 公克的雞胸肉。素食者的蛋白質來源可以從各式蔬菜、豆類、穀類、堅果、種子中攝取。

下列是一些高蛋白的植物性食物：

每 100 公克植物所含蛋白質

燕麥	10 公克
豆腐	13 公克
鷹嘴豆	28 公克
玉米	9 公克
花椰菜	4 公克

另外奇亞籽、腰果、杏仁、南瓜籽等種子與堅果，每 100 公克也都富含 20-30 公克不等的蛋白質唷！

從肉類飲食轉變為植物性飲食有一個非常大的重點，是要均衡攝取穀類、豆類、蔬菜、植物性脂肪，切忘只將肉換成麵包、薯條等不均衡的加工、非原型、單一的食物，並且留意身體的聲音，感受身體的反應與精神上的改變。

五、學習看食品營養標示

在成為素食者後，你可能會發現生活中有許多以前不曾留意到的素食食品，請記得，素食不代表健康。在購買素食食品前，務必認真看食物包裝上的營養標示，三大營養素的比例為何？是否有過多化學添加物？食物的產地及來源為何？這些資訊對身體來說，都遠比吃不吃肉重要得多喔！

六、勇於嘗試不同的食譜與料理方式

植物性飲食並非單調無聊、只能吃單一食物，其實就算不能吃肉，也是可以變化出很多不同的料理喲！ 本書食譜就是使用植物性食材來做各種不同的料理變化，例如三杯雞、肉丸子、起司蛋糕等等，都可以使用天然植物性食材，做出口感、口味相似的健康料理喔！

七、注意微量營養素的均衡，適時補充需要的維生素

最後一點也是最重要的一點，肉類飲食與植物性飲食有一個很大的差別在於，通常肉類飲食的飲食控制方式，大多是以「食物」來分類營養素，例如：「一碗飯＝澱粉來源」，「一盤蔬菜＝纖維素來源」，「一塊雞胸肉＝蛋白質來源」，調味或額外添加食用油，就成為營養均衡的一份健康餐點。但是在執行植物性飲食時，必須將原來的觀念根除，才能確保在執行植物性飲食時也能均衡攝取充足的三大營養素及微量營養素，不論是蔬菜、豆類、穀類，裡面都含有蛋白質、碳水化合物與脂肪，只是比例上的差異，所以執行植物性飲食時，最好能多元攝取各種植物食材，不將單一食物看作單一營養攝取，若從吃肉改為吃素，飲食上只是把吃肉轉為吃豆腐或吃素肉、素雞，那麼長期下來一定會營養不均，反而造成身體更多的負擔。

　　如果飲食上無法確保可以多元攝取植物性食品，那麼可以額外添加維生素，以下是素食者比較常見缺乏的維生素：

鐵質

鐵質在人體內的主要功能是製造血紅素。血紅素是構成紅血球的重要物質，負責將氧氣輸送到身體各組織。因此，鐵質攝取不足，身體便不能製造足夠的紅血球，導致缺鐵性貧血。缺鐵性貧血對身體的影響頗大，所以鐵質對人體是非常重要的。

鐵質有兩種形式，一種是血紅素，另一種是非血紅素。血紅素可以在動物性食品中找到，也比較容易快速被人體吸收，不過植物中也含有許多非血紅素鐵質，包括紫菜、髮菜、猴頭菇、木耳、花豆、紅豆、黃豆、胚芽米、豆腐、菠菜、腰果和芝麻等等。補充鐵質時，也可以同時攝取維生素 C 來增加鐵的吸收，並每隔幾年檢查一次是否有缺鐵性貧血。

建議攝取量：10 歲以下的孩童鐵質建議攝取量為 10 毫克；10 歲到 50 歲的青少年和成人是 15 毫克；而 51 歲以上的族群則是建議吃足 10 毫克。

鈣質

近幾十年來，乳製品業者大力對社會宣傳牛奶的重要，使人們相信他們的產品是獲取足夠鈣的唯一可行方法，但牛奶中的鈣並沒有什麼特別之處，和豆漿中的鈣含量相當、吸收率也差不多，而且一些蔬菜（例如花椰菜、白菜、羽衣甘藍）中的鈣質含量也很多，且人體對其吸收率也高。所以多吃深色蔬菜、豆類製品，一樣可以保證鈣質攝取充足。

建議攝取量：4 到 8 歲兒童每日鈣質建議攝取量為 600~800 毫克；而 10 歲以上之學童及成人每日建議鈣質攝取量為 1000~1200 毫克。

維生素 B12	B12 是人體必不可少的維生素，它使人體的神經和血細胞保持健康，並有助於製造 DNA。維生素 B12 不足，會導致疲倦、虛弱、便秘、食慾不振、神經問題和沮喪。很多人以為維生素 B12 僅存在動物性食物，吃素就一定會缺乏維生素 B12，但其實包括肉食者在內，有多達 39% 的人維生素 B12 含量較低，主要原因是維生素 B12 只能由微生物製造，並經由食物鏈出現於動物產品中——也就是說，動物性食品之所以會有 B12，是因為動物攝取到土中的微生物與之合成 B12，人類在攝取肉類時再移轉到人體上。但目前因為畜牧業過度開發，諸多畜牧動物食用的多為額外添加在穀類飼料中的維生素 B12，非天然。因此，想要補充維生素 B12，直接服用維生素 B12 的營養補充品，更能確保營養充足、品質良好。 此外，除了服用營養補充品以攝取充足的 B12 之外，也有許多非動物性食品可以攝取到維生素 B12，例如綠藻、當歸等食材都含有維生素 B12，日常食品中，全麥、糙米、海藻、小麥草、米糠、雛菊、香菇、大豆、泡菜、各種發酵的豆製品（像味噌湯、豆腐乳與豆豉）和酵母衍生食物（例如無酒精啤酒）等也都含有維生素 B12，所以素食者不用過度擔心維生素 B12 不足，多注意這方面食物的攝取，並定期服用營養補充品即可。 **建議攝取量：**一般成人 B12 的攝取量為 2 微克；孕婦女為 2.2 微克，哺乳婦女為 2.6 微克。
維生素 D	維生素 D 是促進骨骼健康不可缺少的營養素。維生素 D 幫助腸道吸收鈣質，維持血液中鈣、磷的正常水平，令骨骼強健。此外，在調節細胞生長、神經肌肉功能和免疫功能方面，亦起着重要的作用。人體內大部分的維生素 D，是經由陽光照射皮膚而合成的，只有少部分是從食物攝取。不過由於天氣、日光時間、季節、空氣汙染和防曬霜等因素，會影響我們身體的維生素 D 生產能力，因此通常需要補充以獲取足夠的維生素 D。 **建議攝取量：**成人 600 I.U.（15 微克）；老年人 800 I.U.（20 微克）。

Omega-3 脂肪酸的來源，如魚油、藻油、亞麻仁油、堅果類等通常被稱為「好的油脂」，能夠降低發炎反應、避免血管栓塞發生，還能降低總膽固醇與三酸甘油脂（TG），預防心血管疾病。而橄欖油與苦茶油等的 Omega-9 單元不飽和脂肪酸同樣也有降低膽固醇的功能，且結構更為安定，不易氧化產生自由基。

Omega-3 脂肪酸

大部分的人會認為 Omega-3 只存在魚油中，但魚類也只是食物鏈中的中介角色，魚類從食用藻類中獲許 Omega-3，人吃魚再被人體吸收。但現代過度開發，諸多魚類都有重金屬汙染的風險，所以從植物性食品中攝取 Omega-3 會是更健康安全的選擇。

富含 Omega-3 的植物有：深綠色蔬菜、豆類、亞麻籽、堅果、海藻類、橄欖油、芥花油、苦茶油等。

建議攝取量：成人每天需要攝取 1 克（1000 毫克）。

其實植物性飲食很容易攝取到人體必需的微量營養素，而且植物性飲食的營養質量通常比肉類還高，因為含有更多的纖維素、維生素 C 和 E、葉酸、鎂和銅以及其他營養素，還不含膽固醇。所以我們只需要注意以上幾類微量營養素的攝取（維生素 B12 和 D、鈣、鐵、omega-3 脂肪酸），就能獲得更加營養均衡的飲食，我個人覺得植物性飲食對比肉類飲食，對我的身體更健康、更值得！

參考文獻

Vegetarian Diets and Blood Pressure: A Meta-Analysis JAMA Intern Med 2014 Apr;174(4):577-87.
Yoko Yokoyama 1, Kunihiro Nishimura 2, Neal D Barnard 3, Misa Takegami 4, Makoto Watanabe 5, Akira Sekikawa 6, Tomonori Okamura 7, Yoshihiro Miyamoto

https://www.ncbi.nlm.nih.gov/pubmed/24566947

Vegetarian Diet Reduces the Risk of Hypertension Independent of Abdominal Obesity and Inflammation: A Prospective Study J Hypertens 2016 Nov;34(11):2164-71.

Shao-Yuan Chuang 1, Tina H T Chiu, Chun-Yi Lee, Ting-Ting Liu, Chwen Keng Tsao, Chao A Hsiung, Yen-Feng Chiu

https://www.ncbi.nlm.nih.gov/pubmed/27512965/

Plant?Based Diets Are Associated With a Lower Risk of Incident Cardiovascular Disease, Cardiovascular Disease Mortality, and All?Cause Mortality in a General Population of Middle?Aged Adults

Journal of the American Heart Association. 2019;8

Hyunju Kim, Laura E. Caulfield, Vanessa Garcia?Larsen, Lyn M. Steffen, Josef Coresh, and Casey M. Rebholz

https://www.ahajournals.org/doi/10.1161/JAHA.119.012865

Healthful and Unhealthful Plant-Based Diets and the Risk of Coronary Heart Disease in U.S. Adults

Journal of the American College of Cardiology

Volume 70, Issue 4, July 2017

Ambika Satija, Shilpa N. Bhupathiraju, Donna Spiegelman, Stephanie E. Chiuve, JoAnn E. Manson, Walter Willett, Kathryn M. Rexrode, Eric B. Rimm and Frank B. Hu

http://www.onlinejacc.org/content/70/4/411

https://www.mayoclinic.org/diseases-conditions/diabetes/symptoms-causes/syc-20371444
美國糖尿病協會官方網站

Type of Vegetarian Diet, Body Weight, and Prevalence of Type 2 Diabetes

Diabetes Care. 2009 May; 32(5): 791-796.

Serena Tonstad, MD, PHD,1 Terry Butler, DRPH,2 Ru Yan, MSC,3 and Gary E. Fraser, MD, PHD4

https://www.ncbi.nlm.nih.gov/pmc/articles/PMC2671114/

The BROAD study: A randomised controlled trial using a whole food plant-based diet in the community for obesity, ischaemic heart disease or diabetes

Nutr Diabetes. 2017 Mar; 7(3): e256.

N Wright,1,* L Wilson,2 M Smith,3 B Duncan,4 and P McHugh5

https://www.ncbi.nlm.nih.gov/pmc/articles/PMC5380896/

https://www.aicr.org/cancer-prevention/food-facts/vegan-diet/
美國癌症研究機構 AICR 官方網站

https://nutritionfacts.org/video/a-better-way-to-boost-serotonin/
NutritionFacts.org 官方網站

Why Eating Plant-Based Can Boost Your Mental Health
By Cait Corcoran（One green planet）
https://www.onegreenplanet.org/natural-health/eating-plant-based-can-boost-mentality/

Athletes Can Thrive on Plant-Based Diets
By Lisa Esposito, Staff Writer?Jan. 11, 2019
https://health.usnews.com/wellness/fitness/articles/2019-01-11/athletes-can-thrive-on-plant-based-diets

What does "plant-based" really mean?
by Niki Bezzant
https://www.lesmills.com/fit-planet/nutrition/plant-based-diets/

Dietary Isoflavone Intake and All-Cause Mortality in Breast Cancer Survivors: the Breast Cancer Family Registry
Cancer. 2017 Jun 1; 123(11): 2070-2079.
Fang Fang Zhang, MD,PhD,1 Danielle E. Haslam, MS,1 Mary Beth Terry, PhD,2 Julia A. Knight, PhD,3,4 Irene L. Andrulis, PhD,3,4 Mary Daly, PhD,5 Saundra S. Buys, MD,6 and Esther M. John, PhD7,8
https://www.ncbi.nlm.nih.gov/pmc/articles/PMC5444962/

CHAPTER

03

新纖活飲食 with Mi

開始實行植物性飲食的契機

　　我本來對於「吃素」這件事內心總是有點排斥感，可能是因為家裡宗教信仰的關係，我記得小時候好像是初一還是十五吧，一年之中總是有那麼幾天需要跟著家人一起吃素食，我一直不懂吃素的真諦是什麼，聽奶奶說，要吃素、不殺生，神明才會保佑哦！嗯……我吃的肉也不是我殺的，嚴格來說我並沒有殺生吧？但如果吃素就可以被神明保佑的話……好吧，那就聽奶奶的話吧！或有時候遇到想要達成的心願，奶奶也會教我可以吃素來向神明還願，所以以前要考大學、考研究所、找工作時，我就曾經許下錄取後吃素幾週來還願……總之，以前的我，吃素的原因幾乎都是有交換目的的，所以吃素對我來說，有點「犧牲吃肉的滿足感與慾望」來交換我想要得到的願望這種意味。

　　去年在 Netflix 上有一部紀錄片很紅，叫作「茹素的力量」（The Game Changers），我大概是在它推出後過了大半年，實在是沒片可看的時候，才想說打開這個影片來看看吧！正如我前面所說的，吃素對我來說有點交換意味，所以我對一部片名中有「茹素」二字的電影還真有點排斥呢。不過，在看「茹素的力量」之前，我看了不少其他關於環境與肉品業的紀錄片，包含了「我們的星球」（Our Planet）、「肉品業的未來」（The future of meat）、「奶牛的陰謀」（Cowspiracy），這些紀錄片在我心中埋下了種子，漸漸地改變了我原本單純認為「我吃的肉不是我殺的，嚴格來說我並沒有殺生」的這個想法。

　　在「我們的星球」系列紀錄片中，我看到了地球的美、了解到地球上原來有這麼多不同的物種，有的在深山中、有的在雨林裡、有的在深海裡，人類也只是地球上億萬個物種中的其中一個罷了。以前我沒有這樣的想法，自大地認為，人類是地球上最聰明有智慧的生物，所以地球理所當然由人類控制、管理，然而我現在才發現自己的想法有多麼愚蠢——地球並不是被人類管理著，而是正在被人類摧毀中，而摧毀的方式，其實就是我們日常生活中會做的習慣與需求：開冷氣、開汽車、使用塑料用品，甚至就連我們做的最基本、沒有惡意的——吃肉，都正在大大的危害地球的健康！不健康的地球，讓億萬物種的生活環境遭受劇變，停不下來的森林大火、水災、旱災、蟲害、病毒……不只是其他的動物與生物正在

承擔後果，人類現在也正在自食惡果。在「肉品業的未來」以及「奶牛的陰謀」這兩部紀錄片中，有詳細說明只是「吃肉」是如何大大地影響地球，因為內容非常豐富，在此就不再贅述。

雖然我已經認知到吃肉對地球、對其他生物會造成危害，但是要我內心踏出「吃素愛地球」的這一步，我總覺得自己的道德還沒有辦法凌駕在我愛吃肉的慾望之上，所以我只有默默地開始決定少吃點肉──但我又同時在健身增肌，要我少吃點肉真的是很矛盾啊！

有一天，美國的漢堡王推出了一款新的漢堡，標榜是用最新開發的植物肉製成，吃起來跟真的肉一模一樣，並且蛋白質含量也和肉品相當，甚至脂肪含量還比真肉低一些，我就決定嘗試看看。我記得當時是健身完要回家的路上外帶回家的，到了家，打開電視，想找一部片來搭配漢堡邊吃邊看，我的 Netflix 首頁又跳出了「茹素的力量」這部片。之前對於這部片名有排斥感一直避著不去看，但現在手上拿著一顆素肉漢堡，不如就打開來看著配吧！ 而這部片，就是引發我開始嘗試植物性飲食的最後一根稻草，而且這根稻草又粗又重。這部片最說服我的，就是製作團隊訪問了多位運動名人，除了奧運選手、格鬥選手、職業美式足球員、健美選手，連一輩子的健身人阿諾史瓦辛格都在裡面現身！ 我一直認為吃素很難攝取足夠的蛋白質，想要健身增肌怎麼可能只靠吃素呢？這部片裡的簡單試驗真是開啟了我對植物性飲食法的另一扇門！

隔天我馬上決定開始嘗試吃素三天，看看有沒有如片中所說的，血管變得乾淨、頭腦變得清晰、運動時的控制度都能有效提升，而這三天的體驗，就跟片裡說明的一樣！而且我覺得更神奇的是，我的身體有一種「歸位」的感覺，這是兩年來生完第二胎之後，很久都沒有的感覺了！ 第二胎產後我的身體常常感覺不是自己的，減脂期脂肪掉不了，增肌期肌肉上不去，努力控制飲食、做不同的運動給身體刺激，但身體就是和以前不一樣了，也常常沒有精神、沒有力氣，以前同樣的飲食法與健身方式，都可以按照進度提升訓練強度與重量，但在第二胎產後身體卻不願意給我即時的反應，常常讓我感到挫敗又無助，面對找不到原因的卡關，實在不知道該怎麼解決。

但就在開始植物性飲食後，我的身體回到了以前我認識的狀態，整個人清爽又輕盈，就連健身重訓的力量都明顯的進步！而我卻沒有吃一顆蛋、沒有喝乳清蛋白，也沒有吃一塊肉！就和「茹素的力量」中那些素食者運動員所分享的一樣！當我體驗到這個神奇的改變之後，吃完三天的植物性飲食，我決定繼續吃下去，不希望這個清爽、舒服、歸位的感覺離我而去，所以我就一直吃到現在了，這真的是我當初想都沒想過的結果！

　　在開始吃素之後，我也對於素食對身體的改變產生了好奇，也對於現代人是否真的需要吃這麼多肉品感到懷疑，所以我後來又看了這本書《救命飲食：越營養，越危險》（The China Study），裡面詳細說明了比那些紀錄片還要有科學依據的研究與理論，都和我自己身體的感受不謀而合，我非常推薦有興趣想要了解全植物與身體反應的人看看這本書。在讀完了這本書之後，我更加確定自己植物性飲食的目的與出發點，也更了解吃肉對身體的影響是什麼，當我有時想吃炸雞、牛排的時候，我就擁有了選擇權——吃肉之後我的身體會產生什麼變化？我願意為了滿足口慾而承擔身體的反應嗎？如果當下我願意，我就會吃，如果我不願意，我就會選擇不吃肉。我沒有規定自己「不能吃肉」，而是開放自己，對吃進嘴裡的食物有更完整的選擇權。

如前所述，在生完第二胎之後，我時常感覺我的身體不是我的，常常覺得以前很有用的減脂計畫與增肌計畫，怎麼在第二胎產後，身體都無動於衷了呢？我特別還去驗了賀爾蒙、驗了血、做了體檢，身體大致上算是健康，但賀爾蒙的分泌有點亂了。第二胎產後一年多的時間，我嘗試調整壓力、冥想，嘗試斷麩質、嘗試吃不同的營養補充食品，也嘗試改變訓練方式、調整營養素比例、嘗試了間歇性斷食，甚至還去復健科照超音波，看看我生完後是不是身體結構哪裡不同了。為了更了解自己產後的身體，我真的做了非常多的努力，就只是為了要找回孕前輕盈又很好掌控的身體，而我始終沒有找到。

在了解植物性飲食對人體健康的影響後，我決定親身試驗看看植物性飲食法適不適合我的身體，雖然很多人會說吃素不夠營養、吃素運動會沒有力量、吃素沒那麼健康，但我認為每個人的身體都不一樣，所以我絕對不會用二分法來推廣吃素是好還是不好，而是保持開放的態度來了解新知與聆聽身體的聲音。以下是我幾個月以來吃素的身心紀錄。

執行三週：目前為止我已經執行植物性飲食三週了，這三週完全避開奶、蛋、肉、海鮮等，這是我第一次嘗試植物性飲食法，我覺得跟我之前吃奶蛋素時的感受差很多！以前也有吃過奶蛋素，當時除了明顯感覺排便比較暢通之外，並沒有其他太大的感受，但這次直接把奶跟蛋都戒斷後，大概才三天就覺得身體很不一樣！以下是我這三週身體的感受：

❶ 排便非常通暢。植物性飲食前我一天大概排便一次吧，現在大概一天三次，吃飽沒多久就想排便，所以肚子都很扁很舒服。

❷ 精神很好。我覺得精神變好是我最明顯感受到的部分，剛好在開始植物性飲食頭幾天，女兒跟兒子相繼感冒，半夜一直哭醒睡不好，照以前經驗，我跟老公白天都會很疲憊、精神不濟，但自從吃素後，我跟老公白天都還很有精神地工作、運動，這真的很神奇！

❸ 運動時感覺肌肉力量變得很紮實。我老公跟我有同樣的感覺，通常健身到後面，在運動期間會感覺越來越沒力，除了肌肉沒力之外，更常感覺到的是精神上覺得自己撐不下去了，一般來說這個現象可能要喝一些運動前補給品（咖啡因）來解決，但我對咖啡因很敏感，每次喝運動前補給品都會讓我暈眩想吐又心悸，但自從植物性飲食後，連咖啡都不需要喝了，運動時的無力感都消失了，覺得身體變得很好控制。

❹ 睡眠品質變好。我是一個很淺眠又睡眠時間很短的人，但因為健身的關係我常常會逼自己多睡一點，不然肌肉修復速度會很慢。健身後我很常身體很累還需要繼續睡，但我的腦袋卻醒了不想睡，不過最近三週幾乎沒有這種感覺了，醒來以後身體與精神都是睡飽狀態。

❺ 心理的滿足感。我本來以為因為不能吃很多東西、限制很多，我一定會受不了、壓抑或感到空虛之類，但出乎我意料的，完全沒有！反而是看到肉一點慾望都沒有，而且在幫自己準備食物、挑選食物的時候，會有一種「我現在真的對我的身體很照顧」的滿足感，還有心底默默覺得自己在為地球奉獻一點小力量，這也是很不錯的動力。

❻ 脹氣的問題。我在剛開始執行的第一週真的是一天狂放幾十個屁那種，跟老公根本在比賽誰屁多，但到了第二週有發現排氣、脹氣的情況少了一半，到現在第三週了大概只剩下 10% 不到。之前爬過文有查到，腸道裡面有很多壞菌正在重整需要時間，可以給身體一點時間去適應執行的新飲食法，我現在確實也是這樣的感受。另外就是，雖然吃豆類會脹氣，但我身體給我的反應比較偏向「這樣的氣是排得出來的」，而不像吃肉的時候，一吃完飯肚子就凸起來一直到晚上。現在的飲食雖然吃很多易產氣食物，但不一樣的是，我覺得很好排出來，肚子整天都扁扁的。

執行六週：這一個多月之間有回台工作兩週，因為時差的關係不太舒服、行程又很滿，沒事的時候都盡量讓自己以補眠為優先，所以幾乎都沒有運動。

　　回台前本來已經想好不要那麼嚴苛的特別執行植物性飲食，畢竟台灣美食那麼多、機票那麼貴、飯局那麼多，我應該要好好把握機會吃自己喜歡的！結果沒想到我每一個飯局都默默被安排吃蔬食餐廳，甚至去朋友家吃飯，她都煮整桌的蔬食料理，謝謝朋友們都這麼疼我。在家吃飯的話，爸爸媽媽也都盡量幫我準備豆子、穀類跟大量蔬菜，非常意外的這趟回台我根本沒吃到肉──只有某一天跟弟弟去逛羅東夜市，我弟幫我點了我以前最愛喝的羊肉湯，沒想到我吃了一口羊肉就乾嘔了好幾個小時，我想我真的已經變成素嘴素胃了。

　　從我開始植物性飲食到現在已經過了一個多半月了，當初只是想說吃個三天看看，三天後再回去吃肉，結果沒想到就一路吃到了現在。這段期間我感覺身體輕盈好多、頭腦清醒、皮膚變亮、運動變有力、睡眠品質提升、排泄通暢、體態變緊實，體驗到這些之後要讓我回去吃肉真的回不去了。

　　不過我還是要強調一些我這一個多月來發現的植物性飲食小缺點跟要注意的地方：

❶ 比較不方便。有時候肚子餓了想去便利商店找東西吃，三明治、御飯糰清一色都有肉，繞了好幾圈最後只選了水果跟堅果。

❷ 比較容易餓。因為植物性飲食通常可以攝取到大量纖維素，所以每餐吃下的熱量沒辦法太高，一餐差不多 400-600 大卡差不多肚子就塞不下了，對於有運動或代謝高一點的人來說，可能需要少量（熱量）多餐的方式來解決。

❸ 高蛋白粉或高蛋白點心選擇很少。連奶都戒斷之後，乳清蛋白就沒在喝了，平常愛吃的高蛋白棒也都要忍痛拒絕，好在 Myprotein 出了一系列的全素高蛋白商品，讓我還有一些空間可以選擇快速補充蛋白質的食物。

❹ 需要補足維生素 B12、鐵質、鋅等微量營養素。我剛轉維根飲食的第二週，有發現自己的嘴唇變比較乾，唇色沒有吃肉時紅潤，雖然那時剛好是我被小孩感染流感的時候，可能也跟生病有關，但因為飲食法突然改變，所以我特地去查了缺乏某些特定維生素會有的症狀，跟我的狀況類似，所以我有特別補充綜合維生素，以免長期缺乏某些維生素造成營養不均。

❺ 需小心高油高鈉的加工食品。植物性飲食後因為外食選擇不多，走進傳統素食自助餐店，都會看到很多素火腿、素雞、素魚，素鹹酥雞之類，大部分都會在製作過程中加很多油，或油炸物因為是蔬菜，所以吸油率極高，因此在吃素的時候要特別注意避免攝取過多脂肪或是化學添加物。

六週植物性飲食見證

❻ 很多人提到的脹氣問題，我自己的經驗是一開始腸胃裡壞菌好菌在重整期間，確實容易脹氣、排氣，但我感覺這種脹氣是會排出了的，不像吃肉奶蛋時的脹氣會一直留在肚子裡，讓肚子圓圓一整天。大約兩三週的時候，好壞菌重整後，脹氣、排氣的狀況就大幅降低了有 80%，可以試著觀察體驗看看。

執行八週：到今天我已經執行植物性飲食兩個月了，這兩個月沒有吃肉、海鮮、蛋、奶，任何非植物的食品。前兩三個禮拜身體還在適應期，腸胃比較容易脹氣、排氣，大概到了第三週開始，身體腸胃好菌壞菌重整期過了之後，脹氣的問題幾乎都消失了。

　　這兩個月我遇到小孩生病、回台、我自己生病、回美國調時差，整整一個多月沒有好好運動。一開始執行植物性飲食的時候我都有特別去計算蛋白質是否攝取足夠，到了後面比較忙碌沒特別計算，只憑感覺抓量，甚至到現在我已經完全沒有在意蛋白質攝取量了，這段期間觀察下來也沒有感覺身體比較沒力氣或體態有退步。

　　前陣子時差睡不著，每天半夜都在讀《救命飲食》這本書，這本書的作者T‧柯林‧坎貝爾（T. Colin Campbell）博士經歷很厲害，曾擔任美國癌症協會、美國營養協會、科學委員會會員及主席等，也參與過國家許多重大研究。他本來是研究如何讓牛羊更有效率的生長，好讓人類可以吃更多的肉，後來在研究期間開始懷疑動物性蛋白質與脂肪對人體的危害，如乳癌、糖尿病、心臟病、加速癌細胞生長等研究發現，開始被政府與乳製品業、肉製品業、藥廠企業以不良手段，陰謀式的抹黑與中斷研究資金，他才寫了這本書揭露所發生的一切。

　　書中我看到了關於一般人植物性飲食蛋白質的攝取，大約只需佔一日總攝取熱量 10-20% 即可，與我之前讀的運動營養要到 20-30% 有差別。我想以前認知的必須營養素比例應該是基於雜食飲食做的研究，而這本書是真的以植物性飲食做的研究，我目前還在觀察自己的身體是不是真的攝取 10% 蛋白質就夠了。目前為止，久久沒重訓也不會覺得力量上不去，精神超好，也不會容易餓，嘗試植物性飲食之後真的完全顛覆我之前對運動營養所學的知識。

　　《救命飲食》這本書英文書名是《The China Study》，英文書名叫作中國研究的原因是，作者為了研究西方飲食與中國鄉下飲食（較少的肉類、較多的植物飲食）的差異，與癌症、心臟病、肥胖疾病等關聯性而做了大規模的研究，其中也包含了台灣的研究數據，很推薦大家看這本書，讀了以後可以更瞭解我們吃下肚的食物。

八週植物性飲食見證

照片是下午四點拍的，已經一個多月沒運動沒睡好、沒算熱量沒算營養素，前一晚宵夜吃到晚上十二點（吃毛豆、氣炸豆干還有水果），線條還是很 ok。植物性飲食之後我真的更喜歡自己的身體了，覺得跟它的連結又更深了一點，雖然偶爾還是很想吃蛋、吃炸雞、烤肉，但是我的嘴已經回不去了，我有嘗試過把那些食物放到嘴裡，但就是覺得腥味很重吞不下去……想到現在無法享受以前很喜歡的美食總覺得有點失落，但是現在完全交由我的身體去選擇食物真的很舒服，我想我會繼續吃素下去。

執行十週：執行植物性飲食兩個半月左右，不吃蛋、不吃奶、不吃肉、不吃海鮮，只吃「植物」。到目前為止依然維持一天兩次以上排便，第一個月（大概是前三週）脹氣、排氣的狀況已經完全消失了，每天肚子也都滿扁的，不過照片中的我前一晚因為看了「愛的迫降」受不了吃了一碗辛拉麵，所以一早起來感覺身體漲漲重重的，但照鏡子看起來還好沒有水腫得太嚴重。

分享一些我目前的植物性飲食 tips 與心得：

❶ 盡量攝取原型食物。吃素如果總是吃加工品，反而會把很多外來添加物吃下肚，影響賀爾蒙的平穩，也會無形中攝取很多看不見的油脂。

❷ 多元攝取。穀類、豆類、各色蔬菜多元攝取，就能攝取到完整的胺基酸、維生素。

❸ 如果預算允許的話，盡量挑選有機蔬果。我執行植物性飲食的目的，是讓身體乾淨、讓賀爾蒙平穩，所以我會盡量避免購買受到農藥、激素汙染的蔬果，這些外來化學物質還有賀爾蒙，不是洗掉就沒事，其實是會滲透到土裡跟著蔬果一起長大，所以如果可以的話盡量挑選來源乾淨的蔬果。

❹ 多喝水！因為植物性飲食會攝取很多纖維素，所以要記得多喝水才能幫助腸胃蠕動。

❺ 千萬別吃水煮餐。植物中含有很多豐富的維生素，很多維生素是脂溶性維生素，需要油脂才能被人體吸收，所以如果缺乏脂肪的攝取就會讓身體吸收不了營養，反而會影響賀爾蒙，發生掉頭髮等等狀況，所以記得要攝取足夠的植物性脂肪喔。

❻ 認真聆聽身體的聲音。我發現植物性飲食之後，非常不容易動不動就想亂吃東西，根本不會有這樣的慾望，真的非常神奇！好像我的身體會告訴我它什麼時候想吃東西、它想吃什麼，這些訊號變得更清晰，也不需要去克制想亂吃零食的慾望，飲食控制變得更輕鬆了。

❼ 別因為堅持全植物、全食物飲食而壓力過大。記得自己吃素的目的，我的目的是追求身體乾淨舒服的感覺，如果不小心吃到一口肉，或是突然想吃些垃圾食物，我也不會嚴格逼迫自己不能破戒，因為我根本沒有戒，想吃就吃，但別忘了持續感受與觀察身體，像我就有發現有一天吃到奶蛋製品，結果臉上果然長了痘痘，外加輕瀉，但我很高興自己又更了解自己的身體一點。所以下次想吃蛋糕前我會先做好心理準備，自己的身體將會有什麼反應。

　　執行十二週：不吃肉、蛋、奶、海鮮到現在已經差不多三個月了，我覺得很神奇的是，現在就算沒有像之前一週五練，營養素也沒有嚴格的計算與追蹤，但肌肉線條並沒有退步，舉重力量也都有進步，對比之前努力練、謹慎吃、大量的補充蛋白質、乳清蛋白一天兩杯那時候的自己，覺得現在身體歸位的感覺真的輕鬆多了。

　　雖然不吃肉啊蛋啊，能享受的美食少很多，但我發現，身體很容易就能感覺飽，而且也不會像以前那樣容易嘴饞想亂吃。以前想減脂的話都需要努力的壓抑食慾來控制熱量，但自從吃素之後，身體的聲音變得更清晰了，身體餓不餓、身體想吃什麼，我都可以很快感受到。

　　我有一次好奇算了一下，聽身體的聲音餓了就吃、不餓就不吃，冰箱打開來看著蔬菜們，認真感覺今天想吃哪些食材，用心聆聽身體想攝取的食物，這樣一整天下來會吃多少卡，很神奇的是，剛剛好吃到我的 TDEE（*每日總消耗熱量*）！原來「吃對的食物」以後，攝取適當熱量對身體來說是再自然不過的事。

　　想想，一匹長得精壯的野馬，不可能學過自己應該要吃幾克的三大營養素吧？牠的身體會告訴牠何時該吃、何時該停，哪些食物該吃、那些食物不能吃，一切都是生存的本能與直覺。而人類也是地球上的物種之一，為什麼我們要把食物過度加工處理刺激味蕾，無止盡的滿足大腦對食物的慾望，打亂身體的賀爾

十二週植物性飲食見證

蒙，造成心血管疾病、糖尿病、內分泌等各種病呢？肥胖代表的不是你不好看，而是代表著你不夠天然、不夠健康罷了。現代的肉品、乳製品都含有很多外來的賀爾蒙，我想這也是為什麼我只吃植物之後，身體會那麼舒服的原因，因為那些不適合身體的食物們，都是造成身體慢性發炎、水腫、內分泌失調與各種疾病的主因。

　　覺得超愛吃肉吃蛋的自己很難執行植物性飲食嗎？我一開始也是這麼想！甚至打算嘗試個三天就要回去吃肉了，從沒想過我會吃這麼久的素。其實不管是吃素、吃肉、吃垃圾食物、吃原型食物，都只是放入嘴巴前的一個選擇而已，如果我選擇吃垃圾食物，那我就要準備好身體會水腫不適，如果我想要身體舒服又乾淨，那我就會選擇吃原型蔬食，因為這是我發現目前最適合我身體的飲食。

　　聆聽身體的聲音，沒有任何一種飲食適合每一個人，找到自己身體最適合的飲食，並開心沒有壓力的執行在生活中，才是正確的飲食態度。

CHAPTER
04

植物性飲食
Q&A 大解析

全植物飲食就是素食主義嗎？

在前面的章節中，有提到以植物性為基礎的飲食有許多不同的種類，例如奶蛋素、鍋邊素、海鮮素、全素、五辛素等等。在歐美，比較少會因為宗教的關係不吃肉，大多數執行植物性飲食的人們為的是更健康的身體，或是對地球環保、動物保護作出貢獻；而在亞洲，執行植物性飲食的人大多數是為了宗教或是動物保護，為了健康而執行全素飲食的人，比例來說還是不多。

那麼究竟全食物植物性飲食，與素食有什麼差別呢？基本上素食主義，或說維根（不論歐美或是亞洲）不吃任何動物性產品之外，它更是一種生活方式，目的在於力求在自身可行的範圍內，盡可能地排除任何形式對動物的剝削和虐待，不論是食物、衣物、動物實驗保養品等或其他產品。

素食主義的重點在於強調基於道德上的選擇，所以素食主義者會避開任何動物性產品，但不會刻意避開加工的素食產品，像是素肉、素火腿、素料、甜點、餅乾等，所以其實素食主義並沒有太強調飲食上的健康。

而植物性飲食及全食物植物性飲食（在此書中稱全植物飲食），與素食主義的差別在於，較強調食用原型食物，盡量避免動物性食品之外，也避免食用高油、高糖、高鈉加工食品，但並不會特別避開例如動物皮革製品或是其他產品。

而植物性飲食與全植物飲食又略有差別，全植物飲食又比植物性飲食更嚴格注重「原型食物」的定義，有些全植物飲食者，連萃取過的植物性食用油也避免，只從堅果、橄欖、酪梨等原型食物攝取植物性脂肪，著重於大量新鮮的蔬果，完全避開任何加工過的植物性食品。

本書食譜較偏向不那麼嚴格的「植物性飲食法」，避免動物性食品之外，並不會過度嚴格避免植物性加工品，目的在於提倡靈活有彈性、沒有壓力的少吃肉、多吃蔬果，減輕身體的負擔之外，也對地球環保與動物保護貢獻一份心力。

植物性飲食 VS 素食主義

	素食主義	植物性飲食	全食物植物性飲食
家畜、家禽肉品	✗	—	—
海鮮類	✗	—	—
奶蛋類	✗	—	—
油脂	✓	✓	—
加工食品	✓	✓	—
全穀類	✓	✓	✓
蔬菜、水果和根莖類	✓	✓	✓
豆類	✓	✓	✓

✓ 食用　　— 盡量避免　　✗ 不食用

引用資料來源：**FORKS**over**KNIVES**

如何確保蛋白質攝取充足呢？

　　許多人開始想嘗試植物性飲食法前的第一個疑問就是——我能攝取到充足的蛋白質嗎？答案是：絕對可以。植物中也含有許多優質的蛋白質，包含黃豆、毛豆、扁豆、斑豆、鷹嘴豆等。大量醫學研究顯示，人體對於蛋白質的攝取需求量，大約佔一日總熱量的 10-30%，或是醫學建議一般成年人每日蛋白質攝取量，為每公斤體重至少 0.8-1.0 克蛋白質，以一個 60 公斤的成年人來說，一日大約需要 48-60 克蛋白質的攝取量，從植物中就可以均衡攝取到足量的蛋白質了。

舉例來說：

一日攝取 5 份蔬菜	約可攝取 5 克蛋白質	125 大卡
一日攝取 2 份水果	約可攝取 3 克蛋白質	120 大卡
一日攝取 3 份全穀類	約可攝取 6 克蛋白質	210 大卡
一日攝取 5 份豆類、全穀類	約可攝取 35 克蛋白質	370 大卡
2 杯豆漿	約 15 克蛋白質	250 大卡
2 份堅果類	約 4 克蛋白質	110 大卡
總攝取量	約 55 克蛋白質，外加烹調植物油	總熱量約 1400 大卡（含油）

蛋白質含量佔 15%，若想提高蛋白質攝取的比例，可以再多攝取一些蛋白質含量高的豆類。

植物性蛋白質是不是優質蛋白質？

蛋白質中含有 20 多種胺基酸是人類無法自行合成的，所以必須要從食物攝取才能獲得完整的胺基酸。一般說動物性蛋白質是優質蛋白質的原因，在於動物性蛋白質含有完整 20 幾種人體必需胺基酸，雖然植物中的蛋白質沒有完整的必需胺基酸，但只要多樣攝取不同的植物，就能夠獲得完整的胺基酸囉！而且比肉類更棒的是，在攝取植物性蛋白質的時候，不會不小心攝取過多的動物性脂肪，造成膽固醇提高的風險。

會不會攝取過多碳水化合物？

如果你有健康飲食觀念的基礎，或許有聽說過攝取過多的碳水化合物會導致肥胖，因為當人體消耗的碳水化合物多於代謝能力，就會破壞正常新陳代謝並導致健康問題，例如體重增加、第二型糖尿病，甚至是老年癡呆症。

　　那麼植物性飲食會不會總是不小心攝取過多碳水化合物？答案是「會」，也可以是「不會」。如果你在執行植物性飲食之前的飲食習慣，總是吃精緻碳水化合物，例如麵包配火腿肉片、麵條配炸醬、白飯配滷肉，那麼在改吃素食之後，僅是避開吃動物性食品，變成豆泥搭配麵包、炸豆腐搭配麵或飯，那麼絕對會攝取過多的碳水化合物，因為植物性蛋白質食物來源與動物性蛋白質食物來源最大的不同，就是植物性蛋白質來源通常除了蛋白質之外，其也會內含碳水化合物、營養素，如果再搭配精緻澱粉食用，就會不小心攝取過多的碳水化合物。

　　植物中雖然大多含有碳水化合物，但是與糖、麵粉、米飯相比，天然原型、未經加工處理過的全穀根莖類，都含有纖維素及許多營養成分（例如抗氧化劑與維生素），比精緻的碳水化合物更健康、更有營養價值，正確適量的攝取，反而能增加飽足感、提高代謝、提供身體必須的能量又不會發胖。所以，植物性飲食與蛋白質、碳水化合物的攝取平衡，關鍵在於飲食習慣而非吃不吃素。只要把握以下三項原則，就能避免執行植物性飲食的時候攝取過多的碳水：

一、盡量少吃加工處理的食品

　　市面上有非常多的全素飲食食品，例如素食的素肉丸、素肉餅、營養能量棒、薯條、不加奶蛋的餅乾與麵包、麥片、穀片，原則上來說，這些食品都是全素的沒有錯，但因為加工處理過，為了兼顧美味與口感，總是會添加不少精緻澱粉，甚至是糖與油，如果經常食用這些食品，也沒有特別注意其碳水化合物的含量，那麼就會不小心攝取過多的精緻澱粉了。

二、攝取原型食物的碳水化合物

　　原型食物（全食物 Whole Food）是指未經加工過、看得見食物原型的食物，碳水化合物來源的原型食物有燕麥、糙米、藜麥、地瓜、馬鈴薯、玉米等，或是豆類、蔬菜、水果也都含有碳水化合物，並且富含纖維素、水分及微量營養素，不僅可以補充人體所需營養，也能增加飽足感，並且會比精緻碳水化合物更需要費力咀嚼，會減慢進食的速度，讓我們的大腦在吃飯的時候，可以獲得正確的訊息：「你已經漸漸吃飽囉！」讓我們不會不知不覺吃太多，過好一陣子才發現太飽卻已經吃過多了。

飲食中的脂肪和蛋白質是人體細胞組織和器官的基礎，而且這兩種營養素需要更長的時間來消化，可以維持甚至延長飽足感的時間，不會很快就容易感到飢餓。健康的植物性蛋白質來源有豆腐、豆類及一些高蛋白含量的蔬菜，而健康的植物性脂肪來源包含種子、酪梨、橄欖、堅果等。

只吃蔬食不吃肉，真的會飽足嗎？

蛋白質對人體的重要性眾所皆知，有許多研究顯示，健康低脂、低熱量的蛋白質來源可以增加飽足感，豐富的蛋白質可以幫助人體抑制食慾、感到飽足，有助於患有代謝綜合症的人控制體重、膽固醇與血壓，也能提高胰島素敏感度。

但這並不代表吃肉才能有飽足感，只要是健康的蛋白質來源，都可以讓身體有飽足感。許多人會有「吃肉才會飽」的錯覺與迷思，誤以為植物性飲食就不會吃得飽、容易餓，其實這個錯覺主要是因為，通常肉類中除了含有蛋白質之外，也含有動物性脂肪，與植物相比，人體的消化系統在處理動物性食品的時候，會需要更多的時間與能量消化，有的人甚至會長期便祕、數天才能排便一次，在難以消化及攝取到脂肪的狀態下，自然而然會有「比較飽」的錯覺。

相對之下，植物性飲食比動物性飲食能攝取到更多的纖維素，只要注意攝取均衡及食物的挑選，不僅一樣能夠獲取植物性蛋白質與脂肪帶來的飽足感，對人體來說也非常好消化。我自己改變為植物性飲食後，與過去最大的差別，就是排便量從一天一次轉變為一天兩次，等於每餐飯後大約二至三小時就可以排便，身體吸收了營養之後，很快就將代謝物排出體外，提高了代謝，也提高了營養的吸收率。

如果成為植物性飲食者，初期會容易感到飢餓或是消化不良是正常的，畢竟身體與消化系統已經適應吃動物性食品很長的時間了，腸道內的益生菌叢會需要時間重整並重新適應。轉為植物性飲食的前三週，我的身體會經常性的排氣、排泄，但是並不會有不舒服的感覺，相比吃完烤肉大餐後的腹脹感卻排不出氣、排不出便的感受差別很大，大約二至三週過後，身體適應了飲食的改變，就會漸漸感到輕盈與通暢。

植物性飲食會影響運動的力量嗎?

需多人基於前面「吃肉才會飽」的迷思,會衍生下一個迷思:「不吃肉,運動會有力氣嗎?」好消息是:「會的! 甚至比吃肉還更能提升運動表現!」

有諸多研究發現,植物性飲食能夠幫助降低體內脂肪,且蔬菜、全穀根莖類中的高纖碳水化合物可以提高飽足感,並同時轉換為肌肉細胞中的糖原儲存,以提高耐力。由於植物脂肪中並不含膽固醇,所以也能增加血液和氧氣進入人體組織,減少身體的炎症,使身體修復速度更快,此外,蔬果中富含抗氧化劑可對抗自由基,也能減少人體的氧化與耗損。

另有位美國職業棒球隊及美國國家橄欖球隊的專業內科醫生,研究發現低脂植物性飲食有助於保護運動受傷風險高的運動員,改善運動後修復能力,並且改善高血脂、高血壓及糖尿病罹患的風險。

每個人都適合執行植物性飲食嗎?

時下流行的飲食法百百種,生酮飲食、阿金飲食、低碳飲食、碳水循環法、間歇性斷食、植物性飲食法等等,有沒有哪一種飲食法是「最好的」?由於每個人的身體都不一樣,不僅代謝不同、體質不同、生活習慣不同、文化不同、生理機能差異、對不同食物的敏感度及身體反應都不同,沒有人的身體是絕對百分之百一模一樣,所以我認為並沒有哪一種飲食法是「絕對」最好的,我們僅能從科學研究中來了解人體對不同飲食法的正常反應,了解其原理後,嘗試適合自己的飲食法,自己觀察、體驗、調整,找到最適合自己的飲食法,才是「最好的」飲食法。

不過哈佛有一項研究指出,一般飲食轉為植物性飲食後(不一定是嚴格的全素飲食),估計大約可以減少及預防 1/3 的死亡率。研究員也指出,只要飲食法能遵循「少吃精緻澱粉、避開加工食品、攝取適量健康脂肪、吃來源乾淨的原型食物」,不論吃肉不吃肉,都可以有效降低因飲食不當而造成的患病或死亡率風險。

若你是為了健康而執行植物性飲食法，請記得將焦點放在「食物的營養質量」，而非「吃不吃肉」。《美國心臟學會期刊》2017 年發表的一項研究發現，以植物性飲食為重點的健康飲食（攝取全穀類、蔬菜、水果等原型食物）與「顯著降低心臟病風險」相關，但是，以不健康的植物性食物（飲料、甜食、精製穀物和油炸食物）為基礎的植物性飲食則相反。所以，以植物為基礎的飲食當然是很好的選擇，但最重要的關鍵還是食物的營養質量。

身為外食族，如何挑選食物？

現代社會繁忙，許多人沒有時間與能力自己準備食物，外食族的比例年年上升，外食族吃素應該注意些什麼呢？首先我認為應該先確認自己吃素的出發點，如前面所提全植物飲食與素食主義的差別，植物性飲食的出發點較偏向身體健康為目的，而素食主義（Vegan）則是較偏向以道德面出發，保護動物、珍惜地球資源。我自己選擇植物性飲食的出發點，為身體健康、提高代謝、調理賀爾蒙，並且同時為地球與動物盡一份心力，所以我在吃素的時候，會優先以「健康考量」挑選食物與餐點。

在台灣，許多傳統的素食餐廳多是以宗教或道德為出發點，有許多素料在烹調之前會先經油炸，更有些蔬食為了看起來油亮亮，不是添加了太白粉勾芡，就是炒菜時用了很多油；有些食物藏著肉眼看不見的油脂，以百頁豆腐為例，製作過程添加了沙拉油，熱量是傳統板豆腐的兩至三倍，有些甜食點心甚至含有引起膽固醇、心血管健康問題的反式脂肪。所以身為外食族，一定要十分注意食物與餐點的挑選，才能確保長期外食也能均衡、營養、健康。

在挑選外食的時候，可以把握以下原則：

1. 盡量挑選原型食物，低糖、低油、低鈉、不過度加工才是重點。
2. 注意蛋白質與鐵質等微量營養素的補充。
3. 切勿只挑青菜吃，黑、白、紅、黃、綠五色蔬果要均衡攝取。

例如去素食自助餐廳吃飯的時候，可以盡量挑選豆腐與蔬菜，盡量避開炸

豆包、素火腿、素餃子等食品，如果炒青菜看起來很油亮、含油量高，可以準備一碗熱水，在吃之前先用熱水過油後再食用，並額外再補充堅果、酪梨等健康脂肪，外食族一樣可以吃得很健康喲！

大豆對女性究竟好不好呢？

大豆對女性究竟是有害還是有益呢？之所以會有這個爭論，是因為大豆中含有的異黃酮很高。異黃酮是類似雌激素的化合物，會與人體內的雌激素受體結合，支持這個理論的研究認為，這可能刺激乳癌細胞的生長。

但近年來有越來越多的研究發現，大豆中含的植物性雌激素並不會增加乳癌的發生率，因為大豆中的植物性雌激素，其實在人體中具有「抗雌激素」的作用，會妨礙雌激素引發某些癌症的能力，甚至還可能降低罹患癌症的風險。

有一項來自范德堡大學（Vanderbilt University）的研究，追蹤了 5,042 名乳癌存活者，歷經四年的研究，其分析了這群婦女攝取的大豆量與乳癌復發率及死亡率之間的相關性，研究結果顯示，大豆攝取量最高的女性，其癌症復發的風險減少了 32％，而死亡率也降低了 29％。另一項美國麻州塔夫茨大學（Tufts University）的研究，針對生活在美國的 6,000 名乳腺癌患者進行了調查分析，發現常吃大豆的女性癌症患者死亡率要低 21％。

因此，可以不必過於擔心大豆對女性健康的影響，大豆是素食者非常好的蛋白質來源，相較之下，動物性蛋白質中含有的哺乳動物雌激素反而比較需要令人擔憂。

CHAPTER
05

全植物維根飲食食譜

毛豆

毛豆還含有大量的胺基酸、膳食纖維、卵磷脂、大豆異黃酮、維生素 B，以及豐富容易吸收的鈣、磷、鎂，對血糖與體重有控制效果，還有利於血壓和膽固醇的降低。卵磷脂是大腦發育不可缺少的營養成分之一，而大豆異黃酮被稱為天然植物雌激素，也能防治骨質疏鬆。我喜歡將帶殼的毛豆蒸熟後，加海鹽與黑胡椒調味拌一拌，就是一道很健康的點心或消夜！

豆腐皮

豆腐皮營養豐富，蛋白質、胺基酸含量高，還有鐵、鈣、鉬等人體必需的 18 種微量元素。含有大量卵磷脂，因此有防止血管硬化、改善血管疾病及保護心臟的功能；含有多種礦物質，能補充鈣質，防止因缺鈣引起的骨質疏鬆，促進骨骼發育，對小兒、老人的骨骼生長極為有利。兒童食用能提高免疫力，促進身體和智力的發展；老年人長期食用可延年益壽。特別孕婦產後期間食用既能快速恢復身體健康，又能增加奶水。豆腐皮還有易消化、吸收快的優點。我喜歡將豆皮切小塊，與毛豆仁、蒜末拌炒當作配菜食用，是非常好的碳水化合物與蛋白質來源。

豆腐

豆腐含有多種營養物質。主要是蛋白質和鈣或鎂等微量元素，以及核黃素、尼克酸、維生素 E 等，不但能降低體內膽固醇，還有助於神經、血管、大腦的發育生長。

100 克豆腐含鈣量為 140-160 毫克，豆腐又是植物食品中含蛋白質比較高的食品之一，它含有 8 種人體必需的胺基酸，還含有動物性食物缺乏的不飽和脂肪酸、卵磷脂等。豆腐營養豐富，含有鐵、鈣、磷、鎂和其他人體必需的多種微量元素，還含有醣類、植物油和豐富的優質蛋白，素有「植物肉」之美稱。我喜歡將板豆腐切塊，放入氣炸鍋或是用平底鍋煎到表面金黃，可以當作肉塊來做料理的搭配，例如三杯豆腐、宮保豆腐。板豆腐壓成泥後與薑黃粉拌炒，可以製造出炒蛋的口感與形狀，是非常實用又營養的食材。

豆干

豆干是豆腐經加壓、烘乾和上色製成，因為它的水分含量比豆腐更低，所以營養密度比豆腐更高，不過也因為豆干的水分含量比豆腐少，所以相對熱量也較高，每 100 公克約有 200 大卡，為傳統豆腐的兩倍多、約嫩豆腐的四倍。豆干水分少，硬度高，所以很適合作為炒類料理。

鷹嘴豆

鷹嘴豆是高營養豆類植物，富含多種植物蛋白和多種胺基酸、維生素、粗纖維及鈣、鎂、鐵等成分。 其中純蛋白質含量高達 28％以上，脂肪 5％，碳水化合物 61％，纖維 4-6％。鷹嘴豆含有 10 多種胺基酸，其中人體必需的 8 種胺基酸全部具備，而且含量比燕麥還要高出兩倍以上。歐美的超市會賣很多種類的煮熟鷹嘴豆罐頭，有時候我也會一次煮好一鍋鷹嘴豆冷凍或冷藏保存，鷹嘴豆的豆味不會很重，口感大小都很美味，我通常會使用鷹嘴豆加入不同的料理中，當作健康的蛋白質來源，或是打成泥製成植物肉丸也很適合喔。

紅扁豆義大利麵

紅扁豆營養成分相當豐富，包括蛋白質、脂肪、醣類、鈣、磷、鐵及食物纖維，維生素 A 原、維生素 B1、維生素 B2、維生素 C 和泛酸等，扁豆衣的維生素 B 含量特別豐富。紅扁豆中所含的維生素 B1 能維持心臟、神經系統正常功能，維持正常的食慾。歐美超市有販售紅扁豆製成的義大利麵，是我個人非常喜歡的食材，因為植物性飲食比較容易不小心攝取過多的碳水化合物，如果吃一般的義大利麵，纖維素及蛋白質含量會比較低，用紅扁豆義大利麵取代，可以確保在攝取碳水化合物的時候，也能攝取到蛋白質、纖維素及其他營養素。

植物性高蛋白粉

植物性高蛋白粉是由植物萃取而成，雖然其為加工製品，但不代表一定不健康，因為雖然天然食物中含有許多豐富的營養，但有些食物也含有過敏物質，可能會造成腸胃不適、妨礙身體吸收營養。很多高蛋白粉會在加工過程中，去除過敏原和導致腸胃不適的因子，並完整保留食物中的營養，幫助身體完整吸收蛋白質。所以植物性高蛋白粉很適合蛋白質攝取較少的素食外食族，或是有乳糖不耐症的族群補充蛋白質食用。在挑選植物性蛋白粉時，要注意產品包裝上的營養標示、產地、營養素比例、添加物等，確保食用的高蛋白粉沒有額外添加對人體不健康的成分。我自己很喜歡在果汁或是早餐果昔中添加植物性高蛋白粉，確保一日蛋白質攝取量達到一日標準。

飽足
主食篇

泰 式 河 粉

Thai Pho

碳水	蛋白質	脂肪	熱量
55g	17g	20g	439 大卡

食材

泰式河粉 1 球	50g	檸檬汁	2 顆
豆芽菜 1 把	35g	無糖糖漿或少許糖	1 茶匙
橄欖油	1 茶匙	醬油	1 茶匙
蒜	2 瓣	辣椒醬	適量
板豆腐	150g	蔥末	適量
紅蘿蔔絲	適量	碎花生	適量
花生醬	1 大匙		

作法

1 將泰式河粉放入水中浸泡約 15 分鐘。板豆腐瀝乾水分切塊，用些許醬油醃著備用。

2 在煎鍋裡倒入橄欖油，用中火加熱，加入蒜和紅蘿蔔絲，將紅蘿蔔絲炒軟備用

3 在鍋中加入豆腐塊，加入 1 茶匙醬油，將豆腐煎至金棕色。

4 在小碗中將花生醬、檸檬汁、糖漿或糖、辣椒醬、剩下的醬油和一杯水混合均勻。

5 將泡軟的河粉和混合醬汁以及豆腐倒入鍋中一起翻炒約 5 分鐘。

6 盛盤，點綴小蔥末和花生碎就完成囉！

— 2 —

中 式 炒 麵
Chinese Fried Noodles

碳水	蛋白質	脂肪	熱量
61g	27g	17g	503 大卡

食材

白麵條	約 50g	蒜末	適量
乾香菇	5 朵	鹽	適量
紅蘿蔔	30g	醬油	2 大匙
高麗菜	50g	胡椒粉	適量
豆干	85g		
植物油	2 茶匙		

作法

1 將白麵條先用一鍋熱水煮熟備用。

2 乾香菇泡水後切絲、紅蘿蔔切絲、高麗菜切粗絲、豆干切絲備用。

3 將 1 茶匙油倒入鍋中熱鍋，先爆香香菇絲與蒜末。

4 再倒入 1 茶匙油，放入豆干一起炒香。

5 放入紅蘿蔔絲、高麗菜絲及適量水翻炒。

6 同鍋加入醬油 2 大匙繼續翻炒。

7 加入煮好的白麵條炒勻。

8 最後撒上胡椒、蔥花等調味裝飾即完成。

3

菠菜白醬義大利麵

Spaghetti with Spinach and White Sauce

碳水
52g

蛋白質
26g

脂肪
19g

熱量
513 大卡

食材

全植物素絞肉	40g	橄欖油	1 茶匙
鷹嘴豆義大利麵（或一般義大利麵）	60g	蒜末	適量
植物性起司	20g	洋蔥末	適量
杏仁奶或其他植物奶	0.5 杯		
菠菜	50g		
蘑菇	50g		

作法

1　將義大利麵置入冷水鍋中，從冷水開始煮 10 分鐘左右，至麵條煮軟即可起鍋備用。

2　炒鍋中加入 1 茶匙橄欖油熱鍋，加入蒜末爆香。

3　將全植物素絞肉入鍋翻炒，再加入蘑菇與洋蔥末繼續翻炒至蘑菇熟軟。

4　將植物奶倒入鍋中，用中大火煮至微滾。

5　加入菠菜煮至波菜熟軟，勿煮太久，避免波菜變黑。

6　加入植物性起司拌勻後可以試一下味道，覺得不夠鹹可以再加入鹽、胡椒調味。

7　將白醬倒入裝盛麵條的盤中即完成。

高蛋白能量炒飯
High Protein Energy Fried Rice

碳水
37g

蛋白質
19g

脂肪
18g

熱量
382 大卡

食材

甜玉米粒	50g
毛豆	50g
花椰菜	50g
板豆腐	150g
糙米飯	50g
酪梨油	2 茶匙
蒜末	適量
淡醬油	1～2 茶匙

作法

1 花椰菜洗淨切小朵、豆腐切丁備用。

2 將鍋加熱後，倒入酪梨油熱鍋。

3 加入蒜末爆香後，加入豆腐丁與 1 茶匙醬油，將豆腐丁炒至金黃色。

4 花椰菜置入碗中，在碗裡加 1/3 碗的水，覆蓋保鮮膜，用微波爐加熱 2 分鐘。

5 將花椰菜、甜玉米、毛豆加入鍋中拌炒，再倒入淡醬油拌炒。

6 最後撒上胡椒調味即完成。

燕麥蔬菜粥
Oatmeal Vegetable Porridge

碳水
36g

蛋白質
8g

脂肪
12g

熱量
261 大卡

食材

糙米飯	1/4 杯
麥片	1/4 杯
水	4 碗
紅蘿蔔	1 根切丁
香菇	2 大朵切丁
香菇水	1 碗
高麗菜	1/3 顆
鹽	適量
酪梨油	1 茶匙
香油	1 茶匙

作法

1 在鍋中加入 1 茶匙酪梨油爆香香菇，再加入紅蘿蔔丁一起拌炒。

2 加入香菇水和適量水，再放入高麗菜煮到微滾。

3 放入煮熟糙米飯與麥片繼續加熱。

4 麥片熟了以後即可熄火加鹽，裝鍋時可灑一匙香油添加香氣。

— **6** —

日式咖哩飯
Japanese Curry Rice

碳水
65g

蛋白質
16g

脂肪
11g

熱量
420 大卡

食材（4 人份）

日式咖哩塊	半盒	鷹嘴豆	100g
馬鈴薯	200g	糙米飯	1 碗
紅蘿蔔	100g	橄欖油	2 茶匙
洋蔥	150g		
板豆腐	150g		

作法

1　將鷹嘴豆先煮熟或蒸熟（亦可用罐頭）。

2　將洋蔥、板豆腐切丁，紅蘿蔔、馬鈴薯切塊備用。

3　將橄欖油入鍋加熱。

4　將洋蔥丁加入鍋中炒軟。

5　再加入紅蘿蔔塊與熟鷹嘴豆繼續翻炒。

6　加入豆腐丁後，在鍋中倒入大約 5 杯熱水。

7　加入咖哩塊緩慢的拌勻至咖哩塊溶解（輕輕拌勻避免豆腐碎開）。

8　再加入馬鈴薯塊，轉中火，蓋上鍋蓋，燜煮 10 ～ 15 分鐘。

9　將咖哩淋在糙米飯上即完成。

────── 7 ──────

黑豆麻油杏鮑菇飯

Sesame Oil King Oyster Mushroom with Black Beans Rice

碳水
37.55g

蛋白質
20.43g

脂肪
10.82g

熱量
341.5 大卡

食材

黑豆	50g	薑片	2 片
糙米	80g	鹽	適量
麻油	2 大匙	胡椒粉	適量
杏鮑菇 3 朵	50g		

作法

1　杏鮑菇洗淨切塊備用。

2　麻油倒入鍋中，用小火煸薑片，再加入杏鮑菇塊翻炒一下即可關火。

3　在電鍋內鍋中加入洗好的糙米、黑豆，以及 1 杯開水，以及步驟 2 的杏鮑菇。

4　外鍋加 1 杯水，開關跳起後燜 10 分鐘，再用鹽與胡椒粉調味即可。

蔬菜蘑菇蕎麥麵
Soba with Vegetables and Mushroom

碳水
32g

蛋白質
17g

脂肪
15g

熱量
323 大卡

食材

豆干	50g	蒜末	適量
蘑菇	50g	花椰菜	50g
橄欖油	2 茶匙	蕎麥麵	80g
白醋	1 大匙	麻油	1 茶匙
蜂蜜	1 大匙	白芝麻	適量
醬油	2 大匙	鹽或胡椒粉	適量

作法

1 將橄欖油 1 茶匙倒入鍋中熱鍋，加入蒜末炒香之後，加入蘑菇翻炒。

2 待蘑菇出了一點水，加入白醋、蜂蜜與醬油 1 大匙繼續拌炒。

3 將花椰菜也加入鍋中，倒入 1 茶匙橄欖油炒至花椰菜變軟，熄火。

4 取 1 鍋水，待水煮滾後將蕎麥麵下鍋煮至熟軟備用。

5 將煮好的蕎麥麵瀝乾，加入蘑菇與花椰菜的鍋中，再加入 1 茶匙麻油拌一拌。

6 可加入鹽或胡椒粉調味，再撒上白芝麻裝飾即完成。

9

檸檬香蒜烤白花椰菜排筆管麵
Lemon Cauliflower Steak with Pasta

碳水 60g	蛋白質 10g	脂肪 11g	熱量 364 大卡

食材

白花椰菜	1/4 個	紅扁豆義大利筆管麵	50g
橄欖油	2 茶匙	紅椒粉	適量
蒜粉	1/4 茶匙	楓糖漿	適量
海鹽與胡椒粉	適量	蒜末	適量
檸檬	1 顆		

作法

1 將烤箱預熱至攝氏 200 度

2 將白花椰菜切成約 2 ～ 3 公分厚度的「牛排」的樣子。

3 將白花椰菜排淋上橄欖油，用手指塗抹均勻。

4 將蒜粉、海鹽和胡椒粉撒在白花椰菜排兩面。

5 將調味後的白花椰菜排放在烤盤上，可鋪上烘焙紙或在烤盤上塗薄薄一層油防沾黏。

6 烤 30 分鐘後翻面，再烤 10 分鐘。

7 烤花椰菜排時，可以取一個鍋子，將紅扁豆義大利筆管麵煮熟。

8 將煮熟的筆管麵瀝乾，倒入炒鍋中，加一點橄欖油、蒜末、紅椒粉、蒜粉、鹽、胡椒、楓糖漿一起拌炒。

9 從烤箱中取出花椰菜排，並淋上半顆檸檬汁。

10 再放入烤箱中烤 2 ～ 5 分鐘，直到邊緣變黃和酥脆，再將另外半顆檸檬汁擠在白花椰菜排上。

11 將筆管麵及白花椰菜排裝盤即完成。

芝麻薑味烤豆腐飯
Grilled Tofu Sesame and Ginger Rice

碳水
60g

蛋白質
17g

脂肪
14g

熱量
438 大卡

食材

板豆腐	180g	蔥末	適量
淡醬油	1 大匙	白芝麻	適量
白醋	1 大匙	玉米粉	1 大匙
楓糖漿	0.5 大匙	開水	3 大匙
香油	1 茶匙	糙米飯	半碗
薑末	1 大匙	四季豆	30g

作法

1 將烤箱預熱至攝氏 200 度。

2 將淡醬油、白醋、楓糖漿、香油和薑末一起攪拌均勻。

3 將豆腐切塊放入容器中，將調好的醃料倒入豆腐上，輕輕拌勻後，放入冰箱醃漬 30 ～ 60 分鐘。

4 將豆腐從醃汁中取出（但要保存剩下的醃汁），將豆腐放置在烤盤上，烘烤 25 ～ 30 分鐘。中途翻面，直到表面變脆。

5 將玉米粉攪拌在水中完全溶解 。

6 將剩下的醃汁倒入鍋中，用中火加熱，再加入玉米粉水煮沸。

7 煮沸後，改用小火煮直到醬汁變濃稠。

8 豆腐烤好後，搭配糙米飯與其他蔬菜一起食用，加一點蔥薑和芝麻，最後淋上調好的醬汁即完成。

巧手
上菜篇

辣 子 雞 丁
Spicy Chicken

碳水	蛋白質	脂肪	熱量
11.3g	26.2g	10.7g	248 大卡

食材

杏鮑菇	100g	淡醬油	1 大匙
豆干	150g	水	適量
乾辣椒	適量	鹽	適量
薑末	適量	白胡椒粉	適量
花生	適量	橄欖油	2 茶匙

作法

1 將花生敲脆備用。

2 杏鮑菇、豆干切成小塊備用。

3 將鍋中倒入 2 茶匙橄欖油，將步驟 2 食材炒熟，再放入乾辣椒、薑末炒勻，加入淡醬油與一點水蓋過食材，撒上鹽與白胡椒粉，用中大火煮至收汁。

4 裝盤後，撒上花生粒即完成。

12

麻婆豆腐
Mapo Tofu

碳水
63g

蛋白質
51.1g

脂肪
25.8g

熱量
650.6 大卡

食材（4 人份）

乾辣椒	適量	辣豆瓣醬	2 匙
薑	適量	水	適量
花椒粒	適量	蓮藕粉或玉米粉（勾芡用）	1 茶匙
豆腐	1 盒	蔥花	適量
鷹嘴豆	90g	橄欖油	3 茶匙

作法

1　鷹嘴豆蒸熟備用（也可使用罐頭）。

2　乾辣椒切段、薑切末備用。

3　橄欖油倒入鍋中加熱，再加入乾辣椒、薑末及花椒粒炒香。

4　加入辣豆瓣醬，再加一些水煮滾。

5　將豆腐切丁，倒入鍋中輕輕拌勻。

6　再倒入熟鷹嘴豆拌勻。

7　用慢火煮 10 分鐘後，加入一些用水調和的蓮藕粉或玉米粉水勾芡即完成。

13

壽 喜 燒
Sukiyaki

碳水
62g

蛋白質
22.4g

脂肪
4.5g

熱量
413.7 大卡

食材（4 人份）

高麗菜	100g
香菇	3 朵
紅蘿蔔	1/4 根
板豆腐	1/2 盒
昆布高湯	3 碗
金針菇	100g

香菇醬油————2 大匙
（非嚴格素食者也可使用日式鰹魚粉）
洋蔥————半顆
蔥段————適量
粉絲————1 球

作法

1　將洋蔥切丁，加入鍋中，倒入高湯及香菇醬油煮至洋蔥變透明。

2　將所有其他食材洗淨備用。

3　紅蘿蔔切片備用。

4　豆腐切片備用。

5　將所有食材擺至鍋中即完成。

14

韓式春川辣炒雞

Korean Chunchuan Spicy Fried Chicken

碳水	蛋白質	脂肪	熱量
76.6g	20.1g	45g	650 大卡

食材

天貝	200g	醬油	2 茶匙
馬鈴薯	1 個	麻油	1 茶匙
洋蔥	半顆	胡椒粉	適量
高麗菜	50g	韓式辣椒粉	適量
蔥	適量	橄欖油	少許
韓式辣味噌	2 大匙		

作法

1　將所有蔬菜與天貝（大豆發酵製品）切成塊──大約跟年糕差不多形狀即可，蔥切成段。

2　將韓式辣味噌、醬油、麻油、胡椒粉、韓式辣椒粉以及適量水拌勻，將天貝加入，醃 5 分鐘。

3　鍋中倒入少許橄欖油熱鍋。

4　加入醃好的天貝翻炒約 3 分鐘。

5　加入高麗菜、馬鈴薯與洋蔥繼續翻炒至馬鈴薯變軟。

6　最後加入蔥段拌炒一下即完成。

15

番茄豆包
Tofu Skin with Tomato

碳水	蛋白質	脂肪	熱量
12.5g	27.3g	8.8g	237 大卡

食材

番茄	1 顆	橄欖油	2 茶匙
蔥	適量	番茄醬	2 大匙
蒜	適量	醬油	1 茶匙
豆包	100g	開水	適量

作法

1 番茄切丁，青蔥切段花，蒜頭切末備用。

2 熱鍋倒入橄欖油 1 茶匙，將豆包煎到兩面金黃備用。

3 起鍋倒入橄欖油 1 茶匙，將蒜末炒香，再放入番茄丁炒軟。

4 加入番茄醬、醬油翻炒。

5 加入水煮開，可自行調整鹹度。

6 再將豆包放入小火燜煮 5 分鐘。

7 起鍋前加入蔥花，蓋鍋蓋燜一下即可。

—————— 16 ——————

鐵板豆腐
Pan Fried Tofu

碳水
8.05g

蛋白質
13.3g

脂肪
7.2g

熱量
138.6 大卡

食材

豆腐	150g	醬油	2 茶匙
蔥	1 根	水	100ml
玉米筍	50g	橄欖油	2 茶匙
紅蘿蔔	30g	黑胡椒	適量
素蠔油	3 匙		

作法

1 紅蘿蔔切片、蔥切段備用。

2 豆腐切片,先用紙巾將水分吸乾備用。

3 將素蠔油、醬油、水、黑胡椒拌成醬汁備用。

4 將橄欖油倒入鍋中熱鍋後,將豆腐片煎至兩面金黃備用。

5 加入其他蔬菜輕輕拌炒,可加入少許水一起燜煮會熟得比較快。

6 淋上步驟 3 調好的醬汁即完成。

17

三杯豆腐
Three-Cup Tofu

碳水
4g

蛋白質
16g

脂肪
13g

熱量
204 大卡

食材

板豆腐	200g	九層塔	1 把
薑	適量	麻油	1 茶匙
辣椒	半條	醬油	1 大匙
蒜	3 ～ 4 顆	糖	1 小匙

作法

1 板豆腐切塊，用平底鍋乾煎或用少量油煎至金黃。

2 薑切薄片，辣椒切段，蒜頭壓碎，九層塔洗乾淨備用。

3 鍋裡加入麻油，倒入薑片、辣椒與蒜頭炒香。

4 加入豆腐拌勻。

5 加入醬油與少許糖輕輕翻炒一下至收汁。

6 加入九層塔，蓋上鍋蓋燜 3 分鐘即完成。

—— 18 ——

芹菜炒杏鮑菇

Fried Pleurotus Eryngii with Celery

碳水
12.9g

蛋白質
3.7g

脂肪
0g

熱量
63 大卡

食材

杏鮑菇	150g	鹽	適量
芹菜	150g	胡椒粉	適量
小辣椒	適量	橄欖油	2 茶匙
蒜末	適量		

作法

1　將杏鮑菇、芹菜、辣椒切成差不多大小的段狀。

2　將橄欖油到入鍋中，用中大火加熱。

3　先將蒜末加入鍋中爆香。

4　將杏鮑菇加入一起翻炒。

5　等杏鮑菇出的水分炒乾一點之後，再加入芹菜與辣椒。

6　翻炒 3 分鐘後，加入鹽、胡椒粉調味後即完成。

19

宮保豆腐
Kung Pao Tofu

碳水
15.7g

蛋白質
21.8g

脂肪
6g

熱量
194 大卡

食材

板豆腐	150g	花生粒	適量
青椒	50g	橄欖油	2 茶匙
紅椒	50g	豆瓣醬	1 大匙
蔥段	適量	淡醬油	適量
紅辣椒	適量		

作法

1 煮一鍋滾水，將豆腐切丁後汆燙撈起，瀝乾備用。

2 橄欖油加入鍋中熱鍋，將豆腐切丁放入鍋中翻炒至表面金黃。

3 加入蔥段、辣椒、青椒與紅椒繼續翻炒。

4 將豆瓣醬加入鍋中拌勻，可以加入一些水或是淡醬油調味。

5 裝盤後撒上花生粒即完成。

塔香茄子

Basil Eggplant

碳水	蛋白質	脂肪	熱量
10.8g	2.4g	0.2g	25 大卡

食材

茄子 2 根	100g	醬油膏或淡醬油	1 大匙
九層塔	1 把	水	適量
蒜末	適量		
橄欖油	2 茶匙		

作法

1 將茄子以滾刀法切塊備用。

2 九層塔取葉子，洗淨備用。

3 將水與醬油膏以 1：4 比例調和（可加少許糖提味）。

4 將橄欖油到入鍋中熱油鍋。

5 加入蒜末爆香。

6 加入茄子翻炒 30 秒至 1 分鐘。

7 倒入少許水，蓋上鍋蓋燜煮 3 分鐘。

8 等茄子燜熟了，倒入調味醬汁翻炒到收汁。

9 加入九層塔葉拌一拌即可起鍋。

— 21 —

豆皮絲瓜

Chinese Squash with Tofu Skin

碳水
20.2g

蛋白質
30.3g

脂肪
11.5g

熱量
296 大卡

食材

乾豆皮一大片 ———— 50g
絲瓜 ———— 100g
辣椒 ———— 1 根
水 ———— 適量

鹽 ———— 適量
胡椒 ———— 適量
橄欖油 ———— 1 茶匙

作法

1 將乾豆皮燙熟後切絲備用。

2 辣椒切片配用。

3 將絲瓜去皮後，切成塊狀備用。

4 將橄欖油到入鍋中熱鍋，加入辣椒炒香。

5 放入絲瓜與豆皮繼續翻炒，可以加入少量的水讓絲瓜煮軟。

6 加入鹽與胡椒調味後即完成。

韭菜炒豆干

Stir-Fried Tofu with Leek

碳水
8g

蛋白質
8g

脂肪
3g

熱量
78.5 大卡

食材

韭菜 1 小把————100g
豆干 6 塊————150g
辣椒段————適量
橄欖油————2 茶匙
鹽————少許
淡醬油————少許

作法

1 韭菜洗淨、切段備用。

2 豆干洗淨、切細條狀備用。

3 將橄欖油到入鍋中熱鍋，加入豆干與辣椒段翻炒，再加入少許鹽與淡醬油調味、使豆干上色。

4 翻炒至豆干吸收湯汁後，加入韭菜段翻炒，待韭菜變軟即可起鍋。

—23—

豆豉蒸豆腐

Steamed Tofu with Black Beans

碳水
4g

蛋白質
10g

脂肪
6g

熱量
104 大卡

食材

豆腐	200g
豆豉	適量
蔥花	適量

作法

1 將豆腐切片放入盤中。

2 將豆豉撒在豆腐表面,放入電鍋,外鍋放入 1 杯水,蓋上鍋蓋、按下開關。

3 待電鍋跳起,起鍋後在盤中撒上蔥花即完成。

24

鮮菇豆腐粉絲煲
Mushroom Tofu and Vermicelli Soup

碳水	蛋白質	脂肪	熱量
56.1g	20.75g	10.25g	374.65 大卡

食材

鴻喜菇	50g	洋蔥 1/4 顆	30g
豆腐	200g	橄欖油	2 茶匙
金針菇	50g	蔥花	適量
乾香菇	15g	醬油	2 大匙
冬粉	1 束	水	1 杯

作法

1 冬粉泡水軟化備用。

2 洋蔥切絲、豆腐切片、鴻喜菇洗淨剝成一朵一朵備用。

3 將 1 茶匙橄欖油倒入鍋中熱油鍋，放入豆腐煎至表面金黃色。

4 放入鴻喜菇拌炒至菇軟化後即可熄火。

5 取一個湯鍋或砂鍋，倒入 1 茶匙橄欖油拌炒洋蔥。

6 將泡軟的冬粉、醬油及水倒入鍋中拌勻。

7 放上煎好的豆腐與鴻喜菇一起煨煮，至冬粉吸飽湯汁即可關火。

8 撒上蔥花就完成囉。

25

台式關東煮
Taiwanese Oden

碳水
23.5g

蛋白質
9g

脂肪
3.1g

熱量
137.1 大卡

食材

白蘿蔔	100g	蒜頭	2 瓣
紅蘿蔔	100g	黑胡椒粉	適量
乾香菇	10g	橄欖油	1 茶匙
豆干	150g	醬油	1/2 杯
薑	2 片	素蠔油	2 大匙
辣椒	2 條	水	3 杯
八角	2 顆	蔥花	適量

作法

1　將白蘿蔔、紅蘿蔔、乾香菇洗淨備用。

2　蘿蔔切厚片、豆干對切成三角形、辣椒切半、蒜頭壓碎備用。

3　熱鍋加入橄欖油，將辣椒、八角、薑片、蒜頭入鍋爆香。

4　加入醬油煮滾後，倒入水及蠔油與其他調味料。

5　將其他所有食材放入鍋中煮滾後關火。

6　放入電鍋內鍋中，外鍋加 2 杯水，蓋上鍋蓋按下開關。（也可使用電子鍋或是壓力鍋，烹煮時間約 20 分鐘即可）

7　電鍋跳起後，裝盤、撒上蔥花即完成。

26

高蛋白綜合蔬菜豆腐肉球
High Protein Vegan Meatballs

碳水
25.45g

蛋白質
27.05g

脂肪
15.3g

熱量
344.5 大卡

食材（10 顆）

板豆腐	200g	五香粉	適量
杏鮑菇	150g	花椒粉	適量
紅蘿蔔	100g	胡椒粉	適量
蔥末	20g	鹽	適量
蒜末	20g	洋車前子粉	1/4 杯（或蛋 1 顆）

作法

1　將紅蘿蔔洗淨、杏鮑菇洗淨備用。

2　將紅蘿蔔與杏鮑菇、豆腐切塊備用。

3　將紅蘿蔔、杏鮑菇與豆腐放入果汁機或食物處理機打成泥。

4　拌入蒜末、蔥末及所有的調味粉。

5　拌入洋車前子粉增加黏稠度。

6　將豆腐泥搓成圓球狀。

7　放入氣炸鍋中，表面噴一點植物油，以攝氏 200 度氣炸 10 分鐘即完成。（建議用中小火煎餅 5 ～ 8 分鐘再翻面，或是氣炸成球狀。不要太快翻面）

高蛋白番茄藜麥黑豆肉球
High Protein Quinoa Vegan Meatballs

碳水	蛋白質	脂肪	熱量
62.2g	56.1g	24.8g	631.2 大卡

食材（10 顆）

藜麥一杯	40g	海鹽	1/4 茶匙
黑豆	150 克	紅椒粉	半茶匙
橄欖油	2 大匙	羅勒葉粉	半茶匙
蒜末	3 瓣	番茄醬	2 大匙
洋蔥末半杯	30g		

作法

1 藜麥煮熟放涼備用。

2 預熱烤箱至攝氏 180 度，將備好的黑豆放在烘培紙上後放進烤箱，烤 15 分鐘使黑豆呈現乾乾的狀態。

3 取一個鍋子，鍋中加入橄欖油，將烤好的黑豆與蒜末、洋蔥末放入，炒 2～3 分鐘至稍微變軟，也可加少量的水加速軟化。

4 將炒好的步驟 3，及海鹽、紅椒粉、羅勒葉粉一起放入食物處理機中，打成鬆軟狀態。注意不要打過頭，保有一些口感。

5 再加入煮熟冷卻的藜麥及番茄醬，攪拌至其形成麵團狀。

6 試試看口味，再依個人喜好調整，可以加更多海鹽增加鹹味，或加紅辣椒粉加辣度，如果太稠或太濕，可以加更多的豆類混合調整。

7 將麵團用手捏成小球狀，排放在盤子上，放入冰箱冷藏 15 分鐘。

8 取一個平底鍋，用中大火將肉丸煎幾分鐘，輕輕的轉動肉丸，使表面稍微酥酥的。

9 預熱烤箱至攝氏 180 度，將肉丸烤至出現金褐色、微微乾乾的即可。

10 可依個人喜好加義式紅醬增加更多風味，奶蛋素食者可以加帕瑪森起司，味道會更濃郁。

Tips 可以在冰箱中冷藏放置 4～5 天，在冷凍可放置 1 個月，需要食用時再用微波爐或在攝氏 190 度的烤箱中重新加熱即可。

28

高蛋白花椰藜麥雞蛋肉球
High Protein Cauliflower and Egg Veggie Meatballs

碳水	蛋白質	脂肪	熱量
47.9g	11.3g	2.3g	261.7 大卡

食材（10 顆）

白花椰菜	1 杯	
煮熟藜麥	1 杯	
燕麥粉 1/4 杯	25g	
（可直接用果汁機將燕麥打成粉）		
雞蛋	1 顆	
（全素者可用 1.5 匙亞麻籽 +3 匙水取代蛋）		

胡椒粉或五香粉	1 大匙
義式香料等調味粉	2 茶匙
鹽	1 大匙 2 茶匙
橄欖油	1 大匙 1 大匙

作法

1　將白花椰菜切小朵，在滾水中煮 5 分鍾至軟化，將水瀝乾備用。

2　將熟藜麥和白花椰菜，放入果汁機或食物處理機中攪拌，打到呈半光滑狀態。

3　將打好的花椰菜及藜麥倒入一個容器中，混和燕麥粉、雞蛋及調味粉與鹽攪拌均勻。

4　將麵團捏成小球狀。

5　將橄欖油倒入煎鍋，開中火熱鍋，將捏好的小球每面煎酥幾分鐘，輕輕地轉動直到變金黃即完成。

29

高蛋白蒜香綜合堅果肉球

High Protein Garlic Nut Vegan Meatballs

碳水
78.2g

蛋白質
18.3g

脂肪
21.2g

熱量
560.4 大卡

食材（15 顆）

煮熟鷹嘴豆 ———— 200g	煮熟糙米 1 杯 ———— 90g
洋蔥末 ———— 70g	番茄醬 ———— 1 大匙
核桃 1/2 杯 ———— 25g	辣椒粉 ———— 2 茶匙
燕麥 1/2 杯 ———— 25g	鹽 ———— 1/2 茶匙
大蒜 ———— 1 瓣	
酪梨油 ———— 些許	

作法

1　將熟鷹嘴豆、洋蔥末、核桃、燕麥、大蒜一起放入食物處理機中攪拌，不要打得太碎，保留一點口感。

2　將食物泥放入一個大容器中，加入熟糙米飯、番茄醬、辣椒粉、鹽（也可依個人喜好加入其他香料）攪拌均勻。

3　如果喜歡口感滑順的肉丸，可將一半的食物泥再放回食物處理機中，打至非常光滑的狀態，再加到另一半的食物泥中，充分攪拌均勻。

4　在大鍋中用中火加熱一些酪梨油，將食物泥捏成球狀，分批用煎鍋煎成金黃色即完成。

30

扁豆菠菜湯

Lentil Spinach Soup

碳水
188g

蛋白質
85g

脂肪
22g

熱量
1180 大卡

食材 (4 人份)

扁豆	2 杯	蔬菜高湯	3 碗
蒜	2 顆	奧勒岡香草粉	2 茶匙
洋蔥	1 顆	鹽	1 茶匙
紅蘿蔔	1 根	黑胡椒	適量
芹菜	2 根	月桂葉	2 片
橄欖油	1 大匙	菠菜	1 杯
番茄	1 顆		

作法

1　洋蔥切碎丁、紅蘿蔔切丁、芹菜切丁、番茄切丁、蒜切成碎末備用。

2　將橄欖油加入到鍋子中，開中大火熱鍋。

3　加入洋蔥與蒜末，炒至洋蔥透明變軟。

4　加入紅蘿蔔丁、芹菜丁，繼續拌炒約 3 分鐘。

5　加入奧勒岡香草粉及扁豆，繼續翻炒 3 分鐘。

6　加入番茄丁、蔬菜高湯、鹽、黑胡椒及月桂葉，蓋上鍋蓋燜煮 30 分鐘。

7　加入菠菜攪拌一下即完成。

— 31 —

咖哩炒碎豆腐
Stir-Fried Curry Tofu

碳水 15g	蛋白質 15g	脂肪 12g	熱量 222 大卡

食材

蔬菜高湯或水	3 大匙	咖哩粉	1/2 茶匙
洋蔥	50g	大蒜粉	1/2 茶匙
紅椒	50g	辣椒粉	1/4 茶匙
蘑菇	50g	薑黃	1/4 茶匙
板豆腐	150g	海鹽	1/4 茶匙
菠菜	80g	水	1 大湯匙

作法

1 將洋蔥與紅椒切丁、蘑菇切片、板豆腐切塊備用。

2 取一個鍋子,將蔬菜高湯加入,並放入洋蔥,用蔬菜湯將洋蔥炒 5 分鐘。

3 加入切好的蘑菇片及紅椒丁煮 10 分鐘,將煮熟的蔬菜移到鍋子的邊邊,在鍋中加入豆腐,用鍋鏟將豆腐壓碎,繼續炒 2 ～ 3 分鐘至豆腐變熟。

4 將所有調味料置入碗中,加一點水攪拌均勻,而後將調味料倒入鍋中,和蔬菜及豆腐一起翻炒均勻。

5 放入菠菜,蓋上鍋蓋燜 5 分鐘後即完成。

32

高蛋白羅勒蘑菇排
High Protein Basil Mushroom Patties

碳水
101.4g

蛋白質
46.6g

脂肪
3.8g

熱量
595 大卡

食材（4 個）

蘑菇 1 杯	70g	羅勒香料粉	1 茶匙
洋蔥末	50g	（或義式香料粉）	
鷹嘴豆粉或低筋麵粉	1 大匙	橄欖油	1 大匙
亞麻籽粉	3 大匙	海鹽、胡椒粉	適量
開水	1 大匙		

（亞麻籽＋水可換成蛋 1 顆）

作法

1 將亞麻籽粉和水攪拌在一個小碗中，靜置 5 分鐘等它變稠（若使用蛋，可省略此步驟）。

2 在鍋中加入 1 大匙橄欖油，加入切碎的洋蔥炒 2 分鐘。

3 加入切碎的蘑菇、義式香料粉、海鹽和胡椒粉拌炒 10 分鐘，離火。

4 加入雞蛋或是步驟 1 的亞麻籽泥，將所有食材混和均勻。

5 將麵團分成 4 等份，壓成肉排狀，放入平底鍋中，兩面煎至金黃色即完成。

輕食
小點篇

33

香甜地瓜早餐碗
Sweet Potato Breakfast Bowl

碳水
36g

蛋白質
7g

脂肪
9g

熱量
233 大卡

食材

地瓜	50g
香蕉	半根
藍莓	20g
堅果	1 大匙
無糖杏仁醬或花生醬	1 大匙
大麻籽	1 大匙
肉桂粉	適量

作法

1 用攝氏 200 度將烤箱預熱。

2 將地瓜切塊，置入烤箱烤 15 ～ 20 分鐘。

3 將烤好的地瓜置入碗中，並擺上切好薄片的香蕉、藍莓、堅果、大麻籽及杏仁醬，最後撒上肉桂粉即可食用。

34

美式早餐盤

American Breakfast

碳水
31.8g

蛋白質
15.8g

脂肪
11g

熱量
268.5 大卡

食材

全麥土司麵包	2 片
小番茄	5 顆
板豆腐	1/4 盒
薑黃粉	適量
酪梨	1/4 顆
生菜	適量
義式油醋沙拉醬	2 大匙
橄欖油	少許
鹽	適量

作法

1 全麥土司麵包用吐司機烤熟。

2 用少許橄欖油入鍋，板豆腐壓成豆腐泥邊翻炒，加入適量薑黃粉與鹽調味。

3 將小番茄對切，放在生菜上，淋上沙拉醬。

4 將酪梨切片，吐司及炒豆腐、生菜擺盤即完成。

35

墨西哥捲餅

Burrito

食材

墨西哥餅皮	1 張
洋蔥	35g
紅椒	35g
番茄	20g
蒜末	5g
酪梨	1/4 顆
墨西哥豆泥 （罐頭或自製）	50g
橄欖油	1 茶匙
胡椒、鹽	適量

碳水
37.5g

蛋白質
6.9g

脂肪
7.6g

熱量
236.9 大卡

作法

1 將洋蔥、番茄、紅椒切小丁備用。

2 將 1 茶匙橄欖油入鍋，加入蒜末與上述食材拌炒，可撒胡椒、鹽調味，起鍋備用。

3 酪梨切片備用。

4 罐頭或自製墨西哥豆泥。自製可以簡單的將黑豆或斑豆蒸熟到軟爛，加入一點高湯，拌入洋蔥粉、蒜粉、鹽及適量橄欖油，可以用攪拌棒打成泥狀，或是用湯匙壓成顆粒較大的豆泥。

5 墨西哥餅皮放入平底鍋，不需加油，大略烤熱一下。

6 依序把步驟 2、酪梨片、豆泥放在餅皮上，將餅皮包起來即完成。

36

海 苔 飯 糰
Nori Rice Balls

碳水
72.37g

蛋白質
27.19g

脂肪
5.99g

熱量
437.6 卡

食材

大片海苔片	2 片	橄欖油	少許
五穀飯（豆子、糙米、燕麥）	80g	鹽	適量
香菇	3 朵	胡椒	適量
紅蘿蔔	20g		
四季豆	50g		
豆包	30g		

作法

1 將紅蘿蔔、香菇切絲，四季豆切段備用。

2 豆子、糙米、燕麥可一起蒸煮為五穀飯。（可比平時多加一些水，讓米飯濕軟黏度高一些）

3 鍋裡加入少許橄欖油，將紅蘿蔔絲炒熟，撒上一些鹽拌勻。

4 鍋裡加入少許橄欖油，將香菇絲炒熟，撒上一些鹽拌勻。

5 將四季豆用熱水燙熟，撒上一點鹽調味。

6 將豆包用鍋子將兩面煎熟，可撒上鹽或胡椒調味。

7 先將海苔鋪平，在海苔中心鋪上一層飯。

8 再依序鋪上香菇絲、紅蘿蔔絲、四季豆，可以朝同一方向，橫切面會比較漂亮。

9 鋪上豆包後，再鋪上一層飯，最後用海苔把飯糰包起來，包好後可以稍微捏一下定型即完成。

37

香辣墨式塔可
Spicy Tofu Taco

碳水 34.6g	蛋白質 15.8g	脂肪 17.2g	熱量 356.5 大卡

食材（3 人份）

板豆腐	150g	熟黑豆	50g
洋蔥半顆	50g	酪梨	1 顆
橄欖油	2 茶匙	生菜絲	適量
番茄半顆	50g	墨西哥餅皮	3 片
蒜末	適量	墨式莎莎醬或是新鮮番茄醬	
薑黃粉	2 茶匙	（依個人喜好添加）	
茴香粉（依個人喜好添加）	1/2 茶匙		

作法

1　將鍋中倒入橄欖油 1 茶匙，將板豆腐放入鍋中壓成泥，拌入薑黃粉翻炒。

2　將洋蔥切碎末、番茄切小丁備用。

3　將 1 茶匙橄欖油一起倒入鍋中，加入洋蔥、蒜末、番茄丁、熟黑豆及茴香粉，炒至洋蔥熟軟，可加入一點水保持濕潤。

4　將墨西哥餅皮放在平底鍋煎熱。

5　將步驟 3 的豆子及步驟 1 的薑黃豆腐泥放在餅皮上。

6　淋上莎莎醬（可不加）、撒上酪梨塊及生菜絲即完成。

— 38 —

涼拌毛豆
Cold Edamame

碳水
86.2g

蛋白質
26g

脂肪
7.2g

熱量
514 大卡

食材

毛豆半杯	80g	鹽	適量
玉米粒半杯	100g	白胡椒粉	少許
紅椒	50g	黑胡椒粒	少許
蒜頭	2 顆	麻油	2 茶匙

作法

1 毛豆洗淨、紅椒切丁、蒜頭切末備用。

2 取一鍋水煮滾後，先將毛豆入鍋燙 3 分鐘，紅椒繼續燙 2 分鐘後，即可撈起放入另一個鍋中。

3 將玉米粒、鹽、胡椒、麻油加入鍋中拌勻，即可裝盤食用。

39

氣炸椒鹽杏鮑菇

Air Fried Pleurotus Eryngii

碳水	蛋白質	脂肪	熱量
7.5g	2.4g	5g	85 大卡

食材

杏鮑菇 2 根	180g	地瓜粉	1~2 杯
鹽	適量	橄欖油	2 茶匙
胡椒粉	適量		
五香粉	適量		

作法

1 將杏鮑菇以滾刀法切塊狀，置入容器中用鹽巴稍微抓一下。

2 加入適量胡椒粉及五香粉，抓一抓靜置 10 分鐘讓它醃一下。

3 加入地瓜粉翻一翻，讓地瓜粉均勻裹上杏鮑菇。

4 將裹好一層地瓜粉的杏鮑菇靜置 5 分鐘回潮後，再裹一次地瓜粉。

5 將杏鮑菇置入氣炸鍋中，噴上橄欖油，以攝氏 200 度氣炸 10 ～ 15 分鐘，在中途可以翻面再噴一次油。

6 氣炸鍋跳起即可起鍋裝盤。

鴻喜菇涼拌豆腐
Hongxi Mushroom with Tofu

碳水
3.5g

蛋白質
7.9g

脂肪
4.5g

熱量
86 大卡

食材

鴻喜菇半包	20g	香菇醬油或淡醬油	3 大匙
嫩豆腐半盒	150g		
蔥	1 根		
辣椒	1 根		

作法

1　將鴻喜菇洗淨，剝成一朵一朵備用。

2　將豆腐切片備用。

3　將蔥與辣椒切成絲。

4　將鴻喜菇用滾水燙熟。

5　將鴻喜菇置入盤中，擺上豆腐片，淋上醬油，擺上蔥與辣椒絲即完成。

41

氣炸低脂可樂餅 （奶蛋素）
Air Fried Low-Fat Croquette

碳水	蛋白質	脂肪	熱量
35.2g	10.8g	5.7g	237 大卡

食材（5 個）

甜玉米	30g	麵粉	1 杯
馬鈴薯	200g	蛋	1 顆
豆腐	100g	橄欖油	2 茶匙
鹽	適量	黑胡椒粉	適量
麵包粉或麵包屑	2 杯		

作法

1　馬鈴薯洗淨、去皮、切片後，蒸熟，壓成泥狀備用。

2　豆腐瀝乾壓成泥備用。

3　將甜玉米、豆腐泥及所有調味料拌入馬鈴薯泥。

4　大約分成 5 等份，搓成圓形球狀後再輕輕壓扁。

5　將步驟 4 的馬鈴薯餅，依序裹上麵粉、蛋液、麵包粉。

6　表面噴一點橄欖油，放入氣炸鍋以攝氏 200 度氣炸 10 ～ 12 分鐘即完成，中途可以拿出來翻面一次。

42

番茄豆腐味噌湯
Tomato Tofu Miso Soup

碳水
24.4g

蛋白質
27.7g

脂肪
1.5g

熱量
174 大卡

食材

牛番茄	100g
嫩豆腐	150g
味噌	2 大匙
蔥花	適量
水	300ml

作法

1　牛番茄切成 8 等份，置入一鍋水裡，從冷水煮至滾水。

2　豆腐切丁備用。

3　從鍋中舀出一小碗番茄湯，將味噌加到碗中與高湯拌勻。

4　將步驟 3 的稀釋味噌倒回鍋中。

5　加入豆腐丁下鍋煮滾 1 分鐘後，即可熄火裝碗。

6　撒上蔥花即完成。

43

馬鈴薯玉米濃湯
Potato Corn Soup

碳水
67.4g

蛋白質
17.2g

脂肪
4g

熱量
504.9 大卡

食材（4 碗）

無糖豆漿一杯	250ml
甜玉米半罐	150g
馬鈴薯一顆	約 300g
水	300ml
黑胡椒粉	適量
鹽	適量
裝飾用義式香草粉	適量

作法

1 馬鈴薯去皮、切片備用。

2 將馬鈴薯放入鍋中，倒入 300ml 的水煮至馬鈴薯變軟。

3 將馬鈴薯及煮馬鈴薯水、豆漿倒入果汁機中打 2 分鐘。

4 將甜玉米粒也加入步驟 3 的果汁機中繼續打 30 秒。

5 將濃湯倒回鍋中，開中小火加熱至沸騰。

6 加入鹽、黑胡椒調味。

7 裝盤後，撒上義式香草粉即可食用。

---- 44 ----

氣炸鷹嘴豆
Air Fried Chickpeas

碳水
85.4g

蛋白質
26.6g

脂肪
8.4g

熱量
509.6 大卡

食材

鷹嘴豆	1 杯
鹽	適量
胡椒	適量
開水	2 杯

作法

1　將鷹嘴豆浸泡在水中至少 2 小時，也可以泡一整夜。

2　將泡軟的鷹嘴豆放到電鍋內鍋，加入水蓋過鷹嘴豆。

3　加入鹽、胡椒，放到電鍋中，外鍋加 1 杯水，蓋上鍋蓋，按下開關。

4　將煮好的鷹嘴豆瀝乾，放入氣炸鍋中，以攝氏 180 度氣炸 20 分鐘。

5　炸好後灑上胡椒與鹽（可依喜好添加五香粉）即完成。

45

氣炸黑豆

Air Fried Black Beans

碳水
42g

食材

黑豆 ———————— 1 杯

蛋白質
50.4g

脂肪
28g

熱量
652.4 大卡

作法

1 將黑豆洗淨、瀝乾備用。

2 放入氣炸鍋中,以攝氏 200 度氣炸 10
分鐘,中途拿出來翻炒一下。

3 大約烘到黑豆有點略爆的程度就完成
了。

—— 46 ——

氣炸毛豆仁

Air Fried Edamame

碳水
14g

蛋白質
15.4g

脂肪
7g

熱量
169.4 大卡

食材

毛豆仁 1 杯 —————— 140g
橄欖油 ————————— 1 茶匙
鹽 ——————————— 適量
蒜粉 ————————— 適量
（或五香粉、胡椒粉皆可）

作法

1 將毛豆仁、橄欖油及鹽與調味粉
  拌勻。

2 將拌勻的毛豆仁放入氣炸鍋，以
  攝氏 200 度烘烤 15 分鐘，中途
  可以拿出來翻炒 1 至 2 次。

3 將毛豆取出放涼即可食用。

47

彩虹 BBQ 烤豆腐碗

Roasted Tofu and Vegetable Rainbow Bowl

碳水
52g

蛋白質
18g

脂肪
8g

熱量
341 大卡

食材

板豆腐 —————————150g
燒烤醬（口味依個人喜好選擇）
地瓜半杯—————————50g
酪梨 —————————半顆
小番茄半杯—————————50g

紫色包心菜半杯—————————50g
甘藍菜（或其他喜愛蔬菜）—————50g
玉米粒—————————50g
海鹽—————————少許

作法

1　將烤箱預熱至攝氏 200 度。

2　用紙巾把豆腐的水分吸乾切塊，在烤盤上鋪上烘焙紙或塗薄薄一層油，將豆腐烤至金黃色（約 35 分鐘）。

3　待豆腐呈金黃色後，將燒烤醬汁到在豆腐上均勻塗抹，再烤 5 分鐘。

4　將地瓜切塊，在烤盤上鋪上烘焙紙，將地瓜塊放在烤盤上，用攝氏 200 度烘烤 20 分鐘，上面噴一些油，再撒上少許海鹽。

5　將甘藍菜噴上一點油及撒上海鹽，在烤盤上鋪上烘焙紙，以攝氏 200 度烘烤 15 ～ 20 分鐘。

6　將豆腐、玉米粒和蔬菜、地瓜放在碗中，整齊得像彩虹一樣排列顏色，可以加一些初榨橄欖油和海鹽或其他醬料搭配 。

Tips | 可將豆腐、地瓜、甘藍菜三種食材一起烘烤，先將豆腐置入烤箱，烤 20 分鐘後，再置入地瓜與甘藍菜，在最後 5 分鐘時，在豆腐上塗抹醬汁回烤，三樣食材就一起完成囉。

48

無麩質白花椰菜薯餅

Gluten-free Cauliflower Cake

碳水 30g	蛋白質 8g	脂肪 7g	熱量 207 大卡

食材（5 個）

白花椰菜	100g	玉米粉 1 大匙	15g
椰子油	5g	大蒜粉 1/2 茶匙	3g
洋蔥	60g	鹽	1/2 茶匙
鷹嘴豆粉 1/4 杯	50g	水	2 大湯匙

作法

1　將烤箱預熱至攝氏 200 度。

2　用食物處理機將白花椰菜和洋蔥打碎，將打好的食材放到一個大碗中備用。

3　加入鷹嘴豆粉、玉米粉、大蒜粉、鹽和水，攪拌均勻。

4　將麵糊分成 5 等份再切成小塊，約 5x7 公分的大小。

5　將麵糊塊放在鋪好烘焙紙的烤盤上烤 40 分鐘即完成，中間要記得翻面一次。

鷹嘴豆泥酪梨吐司

Hummus Avocado Toast

碳水
85g

蛋白質
25g

脂肪
20g

熱量
566 大卡

食材

全麥吐司	2 片	水	2 大匙
熟鷹嘴豆	100g	酪梨	半顆
大蒜	1 瓣	番茄片	適量
檸檬汁	2 大匙	胡椒鹽	適量
香料粉	適量	胡椒	適量

作法

1 將熟鷹嘴豆、大蒜、檸檬汁 1 大匙及水，放入食物處理機中打成泥備用。

2 將酪梨用叉子壓成泥，加入 1 匙檸檬汁及胡椒鹽攪拌均勻備用。

3 將全麥吐司烤熱，在麵包上塗抹鷹嘴豆泥後，再塗抹酪梨泥，擺上番茄片、撒上胡椒或香料粉即完成。

50

全麥豆腐生菜捲餅

Whole Wheat Tofu Vegan Wrap

碳水
9g

蛋白質
5g

脂肪
7g

熱量
129 大卡

食材

全麥麵粉	1 大匙	紅椒	20g
燕麥粉	1 大匙	板豆腐	50g
蔥花	適量	玉米粒	適量
生菜	適量（20g）	橄欖油	2 茶匙
鹽	適量	五香粉、義式香料或胡椒	適量

作法

1　將全麥麵粉與燕麥粉加入適量水拌成麵糊，加入適量蔥花及鹽攪拌，麵糊不要太稠。

2　將橄欖油 1 茶匙加入平底鍋中，將麵糊倒入鍋裡用中小火煎，可以稍微轉動鍋子，讓麵糊在鍋中展開。

3　餅皮成形後，再用中火煎至兩面金黃色即完成麵皮。

4　板豆腐切丁、將水分瀝乾備用。

5　將橄欖油 1 茶匙放入鍋中，將板豆腐丁煎至金黃色，可灑五香粉、義式香料或胡椒粉調味。

6　將生菜、豆腐、紅椒段、玉米粒包入餅皮中即完成。

全 蔬 食 綠 色 能 量 碗
Vegan Green Power Bowl

碳水	蛋白質	脂肪	熱量
61g	27g	28g	582 大卡

食材

熟藜麥	1 杯	毛豆	80g
花椰菜	100g	開心果	1 大匙
甘藍菜	40g	橄欖油	2 茶匙
酪梨	1/4 顆	鹽、胡椒粉	適量

作法

1　將花椰菜置入鍋中，加入 1 茶匙橄欖油將花椰菜炒軟。

2　將甘藍菜置入鍋中，加入 1 茶匙橄欖油炒軟。

3　取一個小鍋子，用少量的水煮毛豆，直到完全熟透為止。

4　熟藜麥、花椰菜、甘藍菜、毛豆、酪梨及開心果擺盤後，淋上 1 茶匙初榨橄欖油，撒上胡椒粉與鹽即可食用。

52

全蔬食彩虹能量碗
Whole Food Vegan Rainbow Bowl

碳水
69g

蛋白質
32g

脂肪
31g

熱量
653 大卡

食材

淡醬油	3 大匙	熟地瓜	50g
麻油	1 茶匙	酪梨	半顆
白醋	1 大匙	椰奶	3 大匙
天貝	120g	咖哩粉	1 大匙
熟藜麥	1/2 杯	橄欖油	1 大匙
紅椒	50g		
紫高麗菜	50g		

作法

1 將天貝切塊，用淡醬油 2 大匙、麻油及白醋醃漬 10 分鐘。

2 將天貝用中火煎至表面金黃備用。

3 將椰奶、咖哩粉、橄欖油、淡醬油 1 大匙攪拌均勻成醬汁備用。

4 將紫高麗菜切絲，紅椒、酪梨切塊，並與熟藜麥、熟地瓜塊及天貝擺盤至碗中，淋上步驟 3 的醬汁即完成。

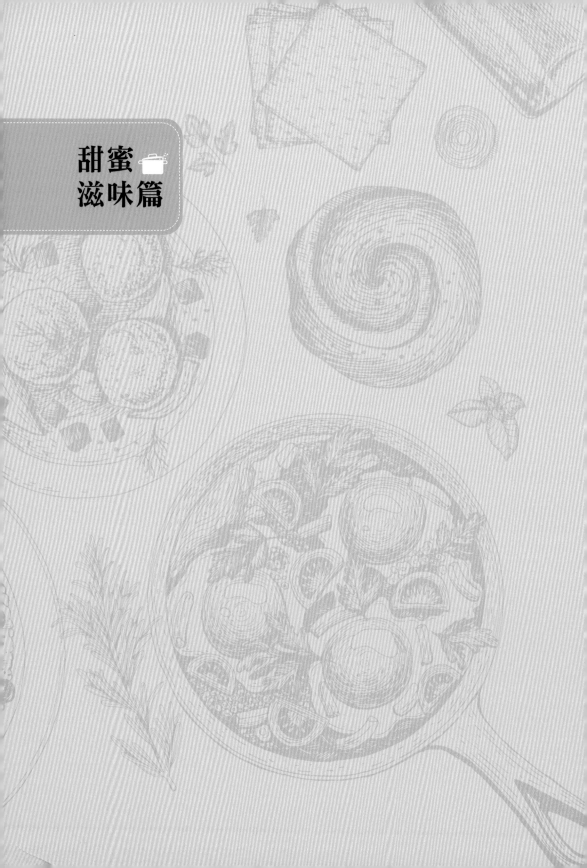

甜蜜
滋味篇

蘋果肉桂果昔

Apple Cinnamon Smoothie

碳水
21.8g

蛋白質
12.2g

脂肪
2.6g

熱量
160.5 大卡

食材

蘋果	1 顆
杏仁奶	1 杯
肉桂粉	1/2 茶匙
全植物高蛋白粉	1 匙
冰塊	少許

作法

1　將所有食材加入果汁機打 2 分鐘。

2　倒入杯中，表面再撒上肉桂粉裝飾即完成。

熱帶高蛋白果昔

High Protein Tropical Smoothie

碳水
52.8g

蛋白質
15.2g

脂肪
0.1g

熱量
258 大卡

食材

柳橙⋯⋯⋯⋯⋯⋯⋯1 顆
香蕉⋯⋯⋯⋯⋯⋯⋯1 根
全植物高蛋白粉⋯⋯1 匙
亞麻籽⋯⋯⋯⋯⋯⋯1 茶匙

作法

1 將所有食材加入果汁機打 2 分鐘即完成。

— 55 —

草莓高蛋白果昔

High Protein Strawberry Smoothie

碳水
42g

蛋白質
32g

脂肪
8g

熱量
344 大卡

食材

草莓	4 顆
全植物高蛋白粉	1 匙
香蕉	1 根
奇亞籽（Chia seeds）	2 茶匙
椰子奶或杏仁奶	2 杯
冰塊	少許

作法

1　將奇亞籽先泡水備用。

2　將所有食材加入果汁機打 2 分鐘即完成。

高 蛋 白 能 量 綠 果 昔

High Protein Energy Green Smoothie

碳水
38g

蛋白質
30g

脂肪
3g

熱量
295 大卡

食材

蘋果 1 顆 —————100g
鳳梨切丁 1 杯—————100g
嫩葉菠菜—————30g
杏仁奶或椰子奶—————1 杯
全植物高蛋白粉—————1 匙

作法

1 將所有食材加入果汁機打 2 分鐘即完成。

---- 57 ----

燕麥高蛋白奶昔
High Protein Oatmeal Smoothie

碳水
60g

蛋白質
36g

脂肪
9g

熱量
460 大卡

食材

香蕉	1 根
乾燕麥	1/2 杯
全植物高蛋白粉	1 匙
杏仁奶	1/2 杯
花生醬	1 大匙
肉桂粉 （視個人口味放）	半茶匙

作法

1 將所有食材加入果汁機打 2 分鐘即完成。

58

無油葡萄乾燕麥餅乾
Oil-free Raisin Oatmeal Cookies

碳水	蛋白質	脂肪	熱量
102g	14g	6g	506 大卡

食材（約 10 個）

蘋果泥 1 杯	100g	肉桂粉	1/2 茶匙
燕麥片 1 杯	100g	葡萄乾	適量
全麥麵粉 1/2 杯	60g		
零卡糖漿或是天然甜菊糖	3 大匙		
烘焙蘇打粉	1/2 茶匙		

作法

1 將烤箱以攝氏 180 度預熱。

2 將除了葡萄乾之外的所有食材，都放入食物處理機或是果汁機中打成麵糊。

3 將麵糊倒入容器中，與葡萄乾輕輕攪拌均勻。

4 將烘焙紙鋪在烤盤上，用湯匙將麵糊整理成圓餅狀，均勻排在烤盤上。

5 放入預熱好的烤箱，烤 10 分鐘即完成。

花生軟餅乾
Soft Peanut Cookies

碳水
102g

蛋白質
14g

脂肪
6g

熱量
506 大卡

食材（約 10 個）

花生醬	6 大匙	零卡糖漿或天然甜菊糖	2 茶匙
開水	4 大匙	鹽	少許
燕麥片 1 杯	100g	泡打粉	1.5 茶匙
黃櫛瓜	200g		
香草精	1 茶匙		

作法

1　將烤箱以攝氏 180 度預熱。

2　將 6 大匙花生醬與 4 大匙開水攪拌均勻備用。

3　將燕麥片放入果汁機或是食物處理機中打成燕麥粉。

4　將燕麥粉置入容器中，加入鹽、泡打粉拌勻。

5　將步驟 2 的花生醬、黃櫛瓜、香草精、甜菊糖全部倒入食物處理機或果汁機中打至柔滑麵糊狀，放入容器中備用。

6　將步驟 4 的燕麥粉倒入步驟 5 混和拌勻。

7　將拌勻的麵團靜置 10 分鐘。

8　將麵團分成 10 等份，揉成圓餅狀放入烤盤中。

9　放入烤箱烤 10 ～ 15 分鐘，放涼後即可食用。

60

覆盆莓燕麥棒
Raspberry Oatmeal Bars

碳水	蛋白質	脂肪	熱量
154.7g	10g	16.8g	533.4 大卡

食材（約 9 個）

燕麥	150g	香草精	1 茶匙
泡打粉	1.5 茶匙	開水	1 大匙
鹽	1/4 茶匙	蘋果泥	1/4 杯
零卡糖漿或天然甜菊糖	2 大匙	覆盆莓	1 杯
黃櫛瓜	200g		

作法

1　將烤箱以攝氏 180 度預熱。

2　將燕麥加入果汁機或食物攪拌機中打成粉備用。

3　將燕麥粉、泡打粉及鹽至入容器中拌勻備用。

4　將黃櫛瓜、糖漿、香草精、開水及蘋果泥放入果汁機或食物攪拌機中打成泥。

5　將步驟 3 與步驟 4 攪拌均勻。

6　加入覆盆莓輕輕拌勻。

7　將麵糊倒入正方形或長方形烤模中，放入烤箱烤 35 分鐘。

　　注意：烤模內層可先塗一層植物油或是鋪上烘焙紙，避免麵糊沾黏。

8　待時間到後，即可脫模放涼食用。

無麩質布朗尼
Gluten-Free Brownies

碳水
47.6g

蛋白質
50.4g

脂肪
22.4g

熱量
290 大卡

食材（約 12 個）

熟黑豆	1 杯	可可粉	5 大匙
奇亞籽粉	3 大匙	泡打粉	1 茶匙
開水	9 大匙	烘焙用蘇打粉	1/2 茶匙
香草精	1 大匙	鹽	少許
零卡糖漿	2 大匙	無糖巧克力豆（依個人喜好添加）	
（或甜菊糖適量）			

作法

1 將烤箱以攝氏 180 度預熱。

2 將奇亞籽粉及水拌勻備用。

3 將除了巧克力豆之外的所有食材，都放入食物攪拌機或是果汁機中打成柔滑質地。

4 將麵糊倒入烤模中，表面撒上巧克力豆後，放入烤箱烤 30 分鐘。

　注意：烤模內層可先塗一層植物油或是鋪上烘焙紙，避免麵糊沾黏。

5 烤箱跳起後，脫模放涼即可食用。

巧克力慕斯杯
Chocolate Mousse

碳水
2.4g

蛋白質
4.8g

脂肪
3.6g

熱量
61.2 大卡

食材

嫩豆腐	110g
可可粉	1 大匙
開水	2 大匙
黑巧克力	40g
香草精	1 茶匙
鹽	少許

作法

1 將黑巧克力隔水加熱融化備用。

2 將嫩豆腐瀝乾後，放入果汁機中，一同加入可可粉、開水、香草精、鹽打成柔滑狀。

3 將步驟 2 的豆腐混合物拌入步驟 1 的容器中，用橡皮刮刀混和均勻。

4 將混合好的巧克力糊倒入玻璃杯中，密封冷藏 3 ～ 4 小時後，表面擺上喜歡的水果即可食用。

63

莓果香蕉燕麥
Banana Berries Overnight Oat

碳水
48g

蛋白質
9g

脂肪
8g

熱量
290 大卡

食材

燕麥片	70g
奇亞籽	2 茶匙
無糖的杏仁奶	250ml
楓糖漿	2 茶匙
香草精	1 茶匙
裝飾用水果	
（藍莓、草莓、香蕉等）	

作法

1 在乾淨的玻璃罐或容器中，將除了水果之外的所有材料混合在一起，蓋緊蓋子搖晃均勻。

2 打開蓋子，擺上藍莓、草莓、香蕉等水果後，蓋緊蓋子放入冰箱，至少 2 小時或 過夜。

3 可以在食用前再添加一點杏仁奶，讓口感更加滑順。

64

迷你草莓起司蛋糕
Mini Strawberry Cheesecake

碳水
60.45g

蛋白質
21.3g

脂肪
70.6g

熱量
903 大卡

食材（5 個）

腰果 1 杯	140g	椰子油	1 大匙
核桃 1 杯	100g	檸檬汁	1 大匙
椰棗 6 顆	45g	鹽	1/4 茶匙
零卡糖漿或甜菊糖	2 大匙	草莓	120g

作法

1 將腰果泡水至少 4 小時以上。

2 將核桃、椰棗、鹽放入食物處理機或果汁機中，打至柔滑黏稠狀。

3 將步驟 2 的膏糊平均裝入杯子蛋糕紙模中，放入冷凍庫備用。

4 將食物處理機清洗乾淨，加入已泡軟的腰果、草莓、糖漿、椰子油與檸檬汁後，用高速打成濃稠奶油狀。

5 將冷凍庫中的杯子模取出，將步驟 4 倒入模中後，再冷凍至少 1 小時。

6 食用前先解凍 15 分鐘，表面擺上水果或巧克力豆裝飾即可食用。

65

低脂甜甜圈
Low-Fat Donuts

碳水
93.1g

蛋白質
4.8g

脂肪
12.8g

熱量
528.7 大卡

食材

燕麥	130g	橄欖油	35g
玉米粉	1 大匙	豆漿	120ml
泡打粉	5g		
零卡糖漿或甜菊糖	1 大匙		

作法

1 將烤箱以攝氏 180 度預熱。

2 將燕麥用食物處理機或果汁機打成粉狀後，拌入玉米粉、泡打粉備用。

3 將橄欖油、豆漿、糖漿攪拌均勻，拌入上一步驟的粉，形成麵糊。

4 將步驟 3 的麵糊倒入甜甜圈烤模中，放入烤箱烤 20 分鐘。

5 時間到後將烤模取出，脫模放涼後，表面撒上少許糖粉裝飾即完成。

66

香蕉胡桃蛋糕
Banana Walnut Bread

碳水	蛋白質	脂肪	熱量
196g	26g	80g	1580 大卡

食材（約 6 份）

低筋麵粉	170g	泡打粉	1 茶匙
（或可以使用 20g 玉米粉及 150g 燕麥粉取代）		胡桃	30g
熟香蕉	200g	鹽	少許
豆漿	100ml	橄欖油	60g
零卡糖漿或甜菊糖	1 大匙		

作法

1　將烤箱以攝氏 170 度預熱，烤模鋪上烘焙紙備用。

2　將香蕉用叉子壓成泥狀，加入豆漿與橄欖油拌勻。

3　加入鹽、糖漿拌勻後，再加入低筋麵粉及泡打粉，用刮刀將食材攪拌均勻。

4　加入大部分碎胡桃至麵糊裡輕輕拌勻。

5　將麵糊倒入烤模中，表面撒上餘下壓碎的胡桃，放入烤箱烤 45 分鐘。

6　以竹籤插入蛋糕中央，確認沒有麵糊沾黏在竹籤上，即可脫模放涼後食用。

南瓜馬芬蛋糕
Pumpkin Muffin

碳水	蛋白質	脂肪	熱量
148g	31g	26g	963 大卡

食材（約 8 個）

南瓜 ——————— 180g	零卡糖漿或甜菊糖 —— 3 大匙
橄欖油 ——————— 20g	無糖豆漿 ——————— 120g
低筋麵粉 ————— 170g	泡打粉 ——————— 1.5 茶匙
（或可以使用 20g 玉米粉及 150g 燕麥粉取代）	裝飾用杏仁片 ————— 適量

作法

1　將烤箱以攝氏 180 度預熱。

2　將南瓜蒸軟後，用叉子壓成泥備用。

3　將南瓜泥、糖漿、橄欖油與豆漿攪拌均勻。

4　將過篩好的低筋麵粉、泡打粉拌入步驟 3。

5　將步驟 4 的麵糊到入烤模馬芬杯裡，大約至 8 分滿。

6　表面撒上杏仁片裝飾即可放入烤箱，烤 25 分鐘即完成。

68

香蕉燕麥餅乾
Banana Oatmeal Cookies

碳水 83g	蛋白質 7g	脂肪 5g	熱量 381 大卡

食材（約 10 個）

熟香蕉	2 根	亞麻籽	3 大匙
燕麥	約 35g	開水	1 大匙
碎核桃	適量	（以上材料也可用 1 顆雞蛋取代）	

作法

1　將烤箱以攝氏 170 度預熱。

2　將香蕉壓用叉子成泥備用。

3　將燕麥、亞麻籽與香蕉泥拌勻。

4　將烤盤上鋪上烘焙紙，將麵團分為 10 等份，用湯匙整成圓餅狀排列在烤盤上。

5　放入烤箱中烤 25 分鐘，取出後放涼即可食用。

高蛋白藍莓厚鬆餅
High Protein Blueberry Pancake

碳水
101.4g

蛋白質
46.6g

脂肪
3.8g

熱量
595 大卡

食材

中筋麵粉 1 杯————120g
植物高蛋白粉 1/4 杯 30g
泡打粉————1 大匙
鹽————1/2 茶匙

低卡楓糖漿————2 茶匙
水————1 杯
裝飾用水果

作法

1　將中筋麵粉、植物高蛋白粉、泡打粉及鹽混和均勻。

2　將楓糖漿及水加入步驟 1 中，快速攪拌均勻成麵糊狀。

3　取一個平底鍋，表面塗上薄薄一層油，用中火將兩面煎至表面金黃即完成。

70

繽 紛 果 昔 碗
Berries Smoothie Bowl

碳水
77g

蛋白質
12g

脂肪
11g

熱量
439 大卡

食材

香蕉	1 根	蜂蜜或楓糖	1 大匙
覆盆莓	1 杯	草莓	5 顆切片
無糖豆漿	1/2 杯	穀麥或麥片	1/4 杯
冰塊	1/2 杯	椰子絲	1 大匙
杏仁醬或花生醬	1 大匙		

作法

1　將香蕉、覆盆莓及豆漿、冰塊、杏仁醬（或花生醬）、蜂蜜（或楓糖），放入果汁機中打成果昔。

2　將果昔倒入碗中，擺上草莓片、穀麥及椰子絲，淋上一些蜂蜜裝飾即完成。

CHAPTER
06
New Me 勻體運動指導

動起來！一週全身運動課表

此為「Love the new me 十二週減脂計畫」中的第一週運動課表，第一週課表強度適合久沒運動、想循序漸進的人或是初學者。

此匀體運動為間歇性阻力訓練，設計目的是短時間提高心率、增加肌耐力、提高代謝、刺激生長激素分泌幫助脂肪代謝。運動過程中可視自己身體、體能狀況調整運動的強度，但全程務必記得注意動作姿勢的標準，切勿為了趕時間做完很多輪，而動作做不確實、不標準，這樣反而會沒有訓練到肌肉，也會影響到減脂效果，甚至會讓身體承受受傷風險喔！

以下為一週訓練六天，針對核心、臀腿訓練、上半身以及穿插有氧運動，一週內鍛鍊全身的課表。

訓練時間共 30 分鐘

第一輪四個動作循環做滿七分鐘，換第二輪四個動作循環做滿七分鐘，再回到第一輪動作（＝第三輪）做七分鐘，再做第二輪動作（＝第四輪）做七分鐘，共四組循環。每七分鐘休息三十秒。

一週運動課表

 週一 | 腹肌與有氧訓練

第 **1** 輪　⏱ **7** 分鐘　➡　休息 30 秒

↳ 循環做滿 7 分鐘

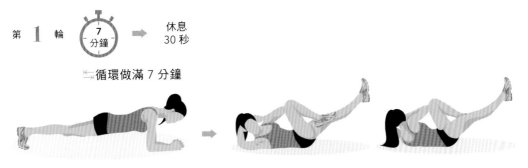

棒式 30 秒　　　　　　　腹肌腳踏車 32 下

登山者 30 下　　　　　　開合跳 20 下

注：QR Code 影片由 Mi 親身示範了難度較高，需要特別注意的動作，請大家一定要看看喔！

 第 **2** 輪 7 分鐘 ⮕ 休息 30 秒

⮌循環做滿 7 分鐘

捲腹 15 下

雙腳仰臥抬腿 15 下

跳繩 70 下

側捲腹 15 下

第 **3** 輪 7 分鐘 ⮕ 休息 30 秒 棒式 30 秒 / 腹肌腳踏車 32 下 / 登山者 30 下 / 開合跳 20 下⮌循環做滿 7 分鐘

第 **4** 輪 7 分鐘 ⮕ 伸展 拉筋 捲腹 15 下 / 雙腳仰臥抬腿 15 下 / 跳繩 70 下 / 側捲腹 15 下⮌循環做滿 7 分鐘

 週二 低強度有氧運動 ⮕ 30-45 分鐘

低強度有氧（跑步、游泳、爬山、騎車），心跳率維持在
(220−年齡) x 70%，時間 30-45 分鐘。

週三 | 手臂與臀腿訓練

第 **1** 輪 ➡ 休息
30 秒

⟲ 循環做滿 7 分鐘

俯臥屈膝伏地挺身 10 下

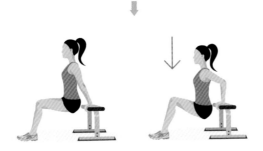

三頭肌撐體 10 下

屈膝後抬腿 35 下

硬拉 20 下

第 2 輪

循環做滿 7 分鐘

啞鈴彎舉 20 下　　　　　　　　　手臂屈伸 15 下

弓步走 20 下　　　　　　　　　相撲深蹲 15 下

第 3 輪 ⏱ 7 分鐘 ➡ 休息 30 秒　俯臥屈膝伏地挺身 10 下 / 三頭肌撐體 10 下 /
屈膝後抬腿 35 下 / 硬拉 20 下 ↰ 循環做滿 7 分鐘

第 4 輪 ⏱ 7 分鐘 ➡ 伸展 拉筋　啞鈴彎舉 20 下 / 手臂屈伸 15 下 / 弓步走 20 下 /
相撲深蹲 15 下 ↰ 循環做滿 7 分鐘

週四 低強度有氧運動 ➡ 30-45 分鐘

低強度有氧 (跑步、游泳、爬山、騎車) ，心跳率維持在
(220−年齡) x 70%，時間 30-45 分鐘。

 週五 全身訓練

第 **1** 輪　🕖 **7 分鐘** ➡ 休息 30 秒

↪ 循環做滿 7 分鐘

深蹲 15 下　　　　　登山者 30 下

硬拉 20 下　　　　　弓步走 20 下

第 **2** 輪 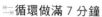 → 休息
30 秒

↳循環做滿 7 分鐘

相撲深蹲 15 下　　　　　　　　跳繩 70 下

棒式 30 秒

俯臥屈膝伏地挺身 10 下

第 **3** 輪 7 分鐘 ➡ 休息 30 秒　深蹲 15 下 / 登山者 30 下 / 硬拉 20 下 / 弓步走 20 下 ↻ 循環做滿 7 分鐘

第 **4** 輪 7 分鐘 ➡ 伸展 拉筋　相撲深蹲 15 下 / 跳繩 70 下 / 棒式 30 秒 / 俯臥屈膝伏地挺身 10 下 ↻ 循環做滿 7 分鐘

 **週六** | 低強度有氧運動 ➡ 30-45 分鐘

低強度有氧 (跑步、游泳、爬山、騎車)，心跳率維持在
(220−年齡) x 70%，時間 30-45 分鐘。

 週日 | 休息日

好好放鬆，什麼也不做，讓身體徹底休息。

注：若想進一步了解「Love the new me 十二週減脂計畫」，請到 Mi 的臉書或官網了解詳情！

國家圖書館出版品預行編目資料

維根食尚，愛上蔬食新纖活 Let's Start Vegan Life／
Michelle著 . -- 初版 . -- 臺北市：春光出版：家庭傳媒
城邦分公司發行, 2020 .7（民109）
　　面；　　公分
ISBN 978-986-5543-01-3（平裝）

1. 蔬菜食譜

427.3　　　　　　　　　　　　　　　109008497

維根食尚，愛上蔬食新纖活 *Let's Start Vegan Life*

Stay Fit with Mi 全植物飲食計畫 × New Me 勻體運動指導

作　　　　者 /	Michelle
企劃選書人 /	王雪莉
責 任 編 輯 /	王雪莉
特 約 編 輯 /	李曉芳、張婉玲

版權行政暨數位業務專員 / 陳玉鈴
資深版權專員 / 許儀盈
行 銷 企 劃 / 陳姿億
行銷業務經理 / 李振東
副 總 編 輯 / 王雪莉
發 　行 　人 / 何飛鵬
法 律 顧 問 / 元禾法律事務所　王子文律師
出　　　版 / 春光出版
　　　　　　台北市 104 中山區民生東路二段 141 號 8 樓
　　　　　　電話：(02) 2500-7008　傳眞：(02) 2502-7676
　　　　　　部落格：http://stareast.pixnet.net/blog E-mail：stareast_service@cite.com.tw
發　　　行 / 英屬蓋曼群島商家庭傳媒股份有限公司城邦分公司
　　　　　　台北市中山區民生東路二段 141 號11 樓
　　　　　　書虫客服服務專線：(02) 2500-7718 / (02) 2500-7719
　　　　　　24小時傳眞服務：(02) 2500-1990 / (02) 2500-1991
　　　　　　服務時間：週一至週五上午9:30～12:00，下午13:30～17:00
　　　　　　郵撥帳號：19863813　戶名：書虫股份有限公司
　　　　　　讀者服務信箱E-mail: service@readingclub.com.tw
　　　　　　歡迎光臨城邦讀書花園 網址：www.cite.com.tw
香港發行所 / 城邦（香港）出版集團有限公司
　　　　　　香港灣仔駱克道 193 號東超商業中心 1 樓
　　　　　　電話：(852) 2508-6231　　傳眞：(852) 2578-9337
　　　　　　E-mail : hkcite@biznetvigator.com
馬新發行所 / 城邦（馬新）出版集團　Cite(M)Sdn. Bhd
　　　　　　41, Jalan Radin Anum, Bandar Baru Sri Petaling,
　　　　　　57000 Kuala Lumpur, Malaysia.
　　　　　　Tel: (603) 90578822 Fax:(603) 90576622 E-mail:cite@cite.com.my

封 面 設 計 / 徐小碧工作室
內 頁 排 版 / 徐小碧工作室
印　　　刷 / 高典印刷有限公司

■ 2020 年（民 109）7 月 30 日初版一刷　　　　　　　　　Printed in Taiwan

售價／399元

104 台北市民生東路二段 141 號 11 樓

英屬蓋曼群島商家庭傳媒股份有限公司

城邦分公司

請沿虛線對折，謝謝！

愛情・生活・心靈
閱讀春光，生命從此神采飛揚

春光出版

書號：OS2021　　書名：維根食尚，愛上蔬食新纖活 *Let's Start Vegan Life*

讀者回函卡

謝謝您購買我們出版的書籍！請費心填寫此回函卡，我們將不定期寄上城邦集團最新的出版訊息。

姓名：＿＿＿＿＿＿＿＿＿＿＿＿＿＿＿＿＿＿＿＿＿＿

性別：□男　□女

生日：西元＿＿＿＿＿＿＿年＿＿＿＿＿＿＿月＿＿＿＿＿＿＿日

地址：＿＿＿＿＿＿＿＿＿＿＿＿＿＿＿＿＿＿＿＿＿＿＿＿＿

聯絡電話：＿＿＿＿＿＿＿＿＿＿＿　傳真：＿＿＿＿＿＿＿＿＿＿

E-mail：＿＿＿＿＿＿＿＿＿＿＿＿＿＿＿＿＿＿＿＿＿＿＿＿

職業：□ 1. 學生 □ 2. 軍公教 □ 3. 服務 □ 4. 金融 □ 5. 製造 □ 6. 資訊

　　　□ 7. 傳播 □ 8. 自由業 □ 9. 農漁牧 □ 10. 家管 □ 11. 退休

　　　□ 12. 其他 ＿＿＿＿＿＿＿＿＿＿＿＿＿＿＿＿＿＿＿＿

您從何種方式得知本書消息？

　　　□ 1. 書店 □ 2. 網路 □ 3. 報紙 □ 4. 雜誌 □ 5. 廣播 □ 6. 電視

　　　□ 7. 親友推薦 □ 8. 其他 ＿＿＿＿＿＿＿＿＿＿＿＿＿＿

您通常以何種方式購書？

　　　□ 1. 書店 □ 2. 網路 □ 3. 傳真訂購 □ 4. 郵局劃撥 □ 5. 其他 ＿＿＿

您喜歡閱讀哪些類別的書籍？

　　　□ 1. 財經商業 □ 2. 自然科學 □ 3. 歷史 □ 4. 法律 □ 5. 文學

　　　□ 6. 休閒旅遊 □ 7. 小說 □ 8. 人物傳記 □ 9. 生活、勵志

　　　□ 10. 其他 ＿＿＿＿＿＿＿＿＿＿＿＿＿＿＿＿＿＿＿＿